預約實用知識，延伸出版價值

每個人的商學院
個人基礎

7

劉潤
——
著

強化自我領導力，
建構超群思維格局

寶鼎

每個人的商學院
總目

5	6	7	8
管理基礎	管理進階	個人基礎	個人進階
每個人的商學院❺	每個人的商學院❻	每個人的商學院❼	每個人的商學院❽
激勵	知人善任	態度	知識
管理方法	治理	技能	工具
管理自己			

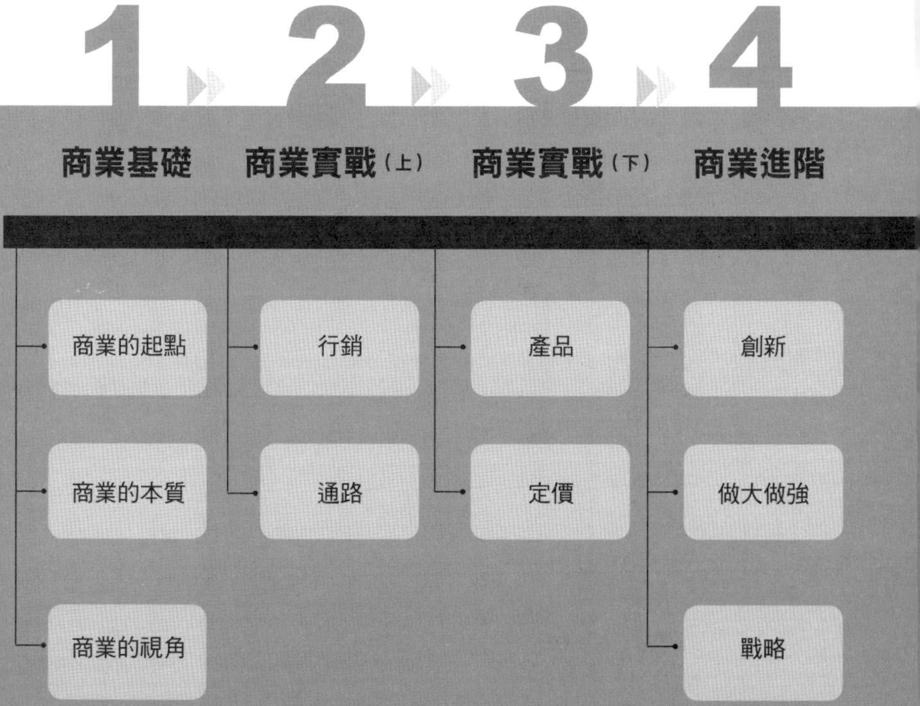
1
商業基礎
商業的起點
商業的本質
商業的視角
2
商業實戰（上）
行銷
通路
3
商業實戰（下）
產品
定價
4
商業進階
創新
做大做強
戰略

目次
CONTENTS

一致好評 ……009
推薦序 給不是商學院的你的第一堂商業課……010
一步步學習，成為商業世界裡的高貴紳士……012
用不到五分鐘的時間，掌握影響一生的商業思維……015

PART 1 態度

第1章 高效能習慣養成

01 **知識、技能和態度**—為什麼要終生學習……022
02 **思維轉換**—換個角度看世界……027
03 **成熟模式圖**—獨立是不成熟的表現……033
04 **積極主動**—別讓消極把你拉入海底……039
05 **以終為始**—別把追求成功的梯子搭錯了牆……045
06 **要事第一**—如何做到忙而不亂……051

07 **雙贏思維**—合作取勝，你我都要贏……058
08 **知彼解己**—先理解別人，再被別人理解……064
09 **統合綜效**—找到「一加一大於三」的解決方案……070
10 **不斷更新**—把優秀變成一種習慣……075
11 **習慣**—從狹窄的百分之五跨到廣闊的百分之九十五……081

第2章 情商養成

01 **同理心**—千般能力的共同心法……088
02 **自我認知**—知人者智，自知者明……093
03 **自我控制**—自律才是最大的自由……099
04 **自我激勵**—理想和堅持讓你變得優秀……105
05 **人際關係處理**—如何從情感帳戶裡存提款……110

目次
CONTENTS

PART 2 技能

第3章 學習與思考

01 倖存者偏誤—看不見的彈痕最致命……120
02 經驗學習圈—打開學習的正確姿勢……125
03 私人董事會—怎樣做自己的CEO……131
04 快速學習—用二十小時從「不會」到「學會」……138
05 六頂思考帽—從對抗性思考到平行思考……144
06 批判性思維—大膽質疑，謹慎斷言……150
07 全局之眼—站在未來看今天……156
08 逆向思維—相機底片如何防曝光……163
09 正向思維—從已知預測未知……169

第4章 演講與溝通

01 認知臺階—你不是在講，而是在幫助他聽……176

02 **畫面感**—增加語言的帶寬……182
03 **開場與結尾**—先摘到「低垂的果實」……187
04 **脫稿演講**—現場組織語言的能力……193
05 **演講俱樂部**—從對著鏡子到對著聽眾……198
06 **快樂和痛苦四原則**—好消息和壞消息先說哪個……204
07 **「五商派」寫作心法**—如何寫出好課程……209
08 **電梯測驗**—三十秒講清為什麼……215
09 **如何開會**—用時間換結論……220
10 **精準提問**—溝通界的C2B模式……225

第❺章

談判

01 **定位調整偏見**—讓自己還是對方先開價……232
02 **權力有限策略**—受限的談判權更有力量……238
03 **談判期限策略**—月底和月初付款，有什麼不同……243
04 **出其不意策略**—抽掉大廈最底層的一塊磚……248
05 **雙贏談判**—「我們都要多拿」的第三選項……253

目次
CONTENTS

第6章 創新與領導

01 **減法策略**──靈感就在盒子裡……260
02 **除法策略**──形式為先，功能次之……265
03 **乘法策略**──空氣清新劑乘以二等於？……270
04 **任務統籌策略**──向《絕地救援》學創新方法……275
05 **屬性依存策略**──給屬性裝一根進度條……281
06 **領導力：專**──「威脅、此刻、重要」的力量……286
07 **領導力：小**──寶僑為何砍掉近一半的品牌……291
08 **領導力：變**──怎樣修練一顆變革之心……296
09 **領導力：快**──網路時代，快魚吃掉慢魚……301
10 **領導力：遠**──盡可能接近未來的推理能力……307

一致好評

羅振宇——羅輯思維、得到App創始人

把經典的商業概念和管理方法，用所有人都聽得懂的語言講出來，每天五分鐘，足不出戶上一所商學院。

雷　軍——小米創始人、董事長兼CEO

性價比超高的商學院，每天五毛錢，就可以學到實用的商學院知識。

吳曉波——著名財經作家、吳曉波頻道創始人

用一盒月餅的錢，把商學院的知識濃縮在每天的服務中提供給你。

推薦序

給不是商學院的你的第一堂商業課

「一個分析師的閱讀時間」臉書粉絲團作者／黃瑞祥

從臺大管理學院畢業的時候，我跟許多同學一樣，心中滿滿懷疑自己到底學到什麼；在職場工作超過十年之後，才發現自己在大學裡學習的一切，都是自己能在職場有所成就的基礎。閱讀這套《每個人的商學院》，對我來說像是一趟穿越時空的旅程。每一個章節、每一個段落、每一個概念、每一個想法，都是過去在課堂上教授們提點過的、企業講師強調過的、座談講者建議過的，熟悉而且珍貴。

例如，思考問題的最基本方式：MECE法則、5W2H法、心智圖、二維四象限等，這些思考框架都能幫助我們更快速有效地解析問題、並推得結論。但關鍵在於，我們必須內化這些思考框架，才能熟練地應用於現實世界。又例如，我們到底該如何談判？如果我們已經有了希望達到的目的，該如何讓事情如願發生？這是商業世界中每天都在發生、但是多數人都搞不定的棘手議題。書中從心理學的「定錨效應」，談到權力有限、談判期限等策略擬定的方式，顛覆了許多人對於談判的常識。

是的，管理時常違反常識，因此許多商管學院的學生在畢業之後都會慢慢有種「這事情不就是這樣嗎？為什麼有些人不了解呢？」的感覺這是因為，管理本身就是一種專業。在臺灣，管理這項專業常常被忽視，但隨著臺灣經濟逐漸成熟、許多產業都開始趨於穩定，管理的價值勢必會愈來愈成為顯學。

在美國，管理是學士後的學程，主要意義就在於：管理是一門需要實際演練的技能，空有理論根本無益於解決問題。本書羅列了管理實務上最常見的問題，一方面能透過有趣的故事讓還沒進入職場的人能迅速建立管理思維，另一方面也讓已經進入職場的上班族照見自己的缺點。

商業書籍多如繁星，有些極端理論、有些極端抽象、有些極端個人經驗，這些書當然都很有價值，但對於非本科系畢業生、或者尚未形成自己商業知識系統的人而言，讀起來恐怕太過艱深，很難從中真正學習到什麼。建議所有非商管學院畢業的工作人，可以將這套《每個人的商學院》當作起點，先從建立觀念開始，再慢慢由淺入深地補充各種管理知識。

推薦序

一步步學習，成為商業世界裡的高貴紳士

方寸管顧首席顧問、醫師／楊斯棓

劉潤《5分鐘商學院》播放的內容，常常是友人聚餐時的火熱話題。繼《5分鐘商學院》套書推出後，潤總繼續端出好菜：《每個人的商學院》。

總有人感嘆：時間太少，伯樂難求，運氣不好。

那怎麼做會時間變多，伯樂青睞，好運不斷？

劉潤的大作，就是專門解這幾個問號。有時明講，有時隱喻。

時間顆粒度之說，就讓人恍然大悟。和顆粒度相仿的朋友往來時，彼此等速運轉。劉潤筆下讓我們知道，強者的時間顆粒度細如粉末，愚者的時間顆粒度，大過薛西佛斯（Sisyphus）之石。

放棄好人標籤，舉盾保護精力

劉潤提過有一種人在通訊軟體上不斷傳來「你好」、「在嗎」卻不言明目的。

這種人是浪費我們時間的罪犯。我們有兩個選擇，一種，是選擇當濫好人。我們耐住性子，跟他來個幾回合的打躬作揖確認其目的，原來對方只想請我們幫忙一些他 Google 就能找到答案的事情。我們擱置了自己的重要任務，卻因在乎是否擁有好人標籤，甘心被情感綁架，眼巴巴望著時間流逝。

另一個選擇，是即時舉起盾牌，保護自己時間精力。在通訊軟體上，我們可以文明地、禮貌地，把這類訊息關靜音、丟到垃圾桶。

訂定目標，做好通往目標的每一件事，需要許多精力跟時間。如果不保護自己的注意力，允許他人可以輕易剝奪我們的時間，我們永遠難以達成生命中真正重要的目標。

聯絡人是長矛，儲在雲端輕鬆找

臉書上常看到朋友這麼發文：「對不起，我手機故障，請加我的

LINE 或手機，號碼是……。」

這種我絕對不加，光擔心是否為詐騙的潛在風險，我就承受不起了。

劉潤把商務人士的信件、行事曆、聯絡人比喻成戰馬、盔甲和長矛。

針對信件，劉潤建議商務人士不要使用免費信箱。我聽從友人黃禮宏的建議，把自己過往 Gmail 付費信箱再升級成以自己網域為名的信件，讓與我往來的合作單位，增加一份信任感。

我慣用 Google Calender，譬如下週二我邀請幾位朋友到割烹餐廳用餐，我在上面設定好時間、地點，同時還發電郵給朋友，朋友點選接受，他的 Google Calender 就會秀出此行程。文明人不需要電話提醒既定邀約。

至於聯絡人，我們不能依賴手機這個硬體，我們應該存在雲端。如果用 iPhone 手機，聯絡人儲存在 iCloud，這有幾個好處：即時更新，而且萬一手機弄丟，再買一支，一同步，聯絡人名單即刻重建，豈需開口求人一一加回？

劉潤倡導的觀念，一言以蔽之，就是提醒我們不要做出商業世界裡沒教養的行為，一步步學習成為商業世界裡的高貴紳士。

推薦序

用不到五分鐘的時間，掌握影響一生的商業思維

職人簡報與商業思維專家／劉奕酉

做為自僱者，這些年我一直在推廣商業思維的重要性。

說到商業思維，你會想到什麼？商場上如何做生意、公司如何運作、企業如何競爭等等。你可能不覺得商業思維和自己有關，如果你也認同這一點，我想你可能已經失去許多機會而不自覺。

我認為對於職場工作者來說，商業思維就是創造價值的思維。具體來說，就是在解決問題的過程，能夠更省時、省力，並且創造出更大的價值。

長期以來，我都有關注劉潤的文章，早在《每個人的商學院》這系列套書出版之前，已在網路上拜讀過《5分鐘商學院》的部分文章內容，而且獲益良多。這次有機會將這些內容重新融合，涵蓋商業、管理與個人三個部分，從個人與企業內、外的關係，到個人與自己的關係，提供完整又簡潔的商業概念，我想是讀者之福。因為你可以用不到五分鐘的時間，掌握一個商業概念。

這個概念很有可能影響你一生。更別說書中數以百計的商業概念，透過淺顯易懂的方式，讓你知道這是什麼？可以帶來哪些關聯效益？又該如何應用在日常生活與工作上？這些概念，都是商業思維的一部分。

而《每個人的商學院．個人基礎》與《每個人的商學院．個人進階》作為這個系列的最後兩本書，談的是關於「個人」的部分，這是因為：所有的問題，最後都是自己的問題。

唯有提升自己，才能在商業與管理層面上有所發揮、相輔相成。那麼，該提升哪些面向呢？知識、技能與態度，我們可以從這幾個方面做到終身學習、不斷提升自己的領導能力：

- 知識：時間管理、職業素養、邏輯思維
- 技能：學習與思考、演講與溝通、談判、創新與指導
- 態度：高效能習慣養成、情商養成

除此之外，書中也介紹了高效工作者常用的思考、效率、溝通與賽局工具，藉由這些工具的輔助可以大幅提升思考、表達與問題解決的效率與效能。

當你具備了商業思維，就會更懂得如何創造價值、提升價值。不再只是拚命地完成交辦的任務，而是懂得聰明地努力，用有效率的方式來完成工作，創造職場躍升的機會。

全書內文幣別若未特別標注，均為人民幣。

1 PART

態度

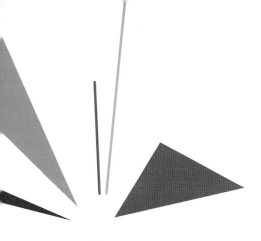

第 1 章

高效能習慣養成

01 **知識、技能和態度**－為什麼要終生學習
02 **思維轉換**－換個角度看世界
03 **成熟模式圖**－獨立是不成熟的表現
04 **積極主動**－別讓消極把你拉入海底
05 **以終為始**－別把追求成功的梯子搭錯了牆
06 **要事第一**－如何做到忙而不亂
07 **雙贏思維**－合作取勝，你我都要贏
08 **知彼解己**－先理解別人，再被別人理解
09 **統合綜效**－找到「一加一大於三」的解決方案
10 **不斷更新**－把優秀變成一種習慣
11 **習慣**－從狹窄的百分之五跨到廣闊的百分之九十五

01

啟動亮點

學習只有三件事：用腦學習知識，用手學習技能，用心學習態度。

知識、技能和態度——為什麼要終生學習

有一次，我在一所大學演講。演講結束後，一位同學問了個問題：「老師，請問你大學時期學過的知識，對現在的工作有多大幫助？」我稍微猶豫了一下，回答說：「百分之十。」為什麼這麼說？我們一生只能學會三件事：知識、技能和態度。

什麼是知識？

知識就是已經被發現和證明的規律，它是確定的，不需要人再通過自身的成功、挫敗去驗證。比如，一加一等於二，絕不會等於三，也不可能

等於〇．五。再比如，供給大於需求，價格就會下降；把商品放對心理帳戶，會增加消費者的購買意願。學習知識的方法簡單而直接，就是通過記憶，把知識分門別類地存放在「存儲腦」（Archiving Brain）的某個抽屜裡。

在大學期間，甚至整個學生生涯，我們學的大部分都是知識，數學、物理、化學、地理、歷史、生物……檢查學沒學會的方法是做題，比如「請列舉南昌起義的四個重大意義」、「請默寫李商隱的一首詩」。

知識是有適用邊界的，甚至是有「保存期限」的。對很多人來說，生命中最有知識的時刻是學測前的最後一天，考完試大概就忘了一半了。比學習知識更重要的是學習技能。

什麼是技能？

技能就是那些你以為你知道，但如果沒親自做過，就永遠不會真正知道的事情。

很久以前，有人教過我用雙手同時拋三顆橘子的方法：第一步，左手把橘子拋到空中；第二步，立刻把右手的橘子交到左手，並等待落下的橘子；第三步，等上升的橘子到了最高點，拋出下一顆。要領很簡單，我很快就記住了。可是直到今天，我還是做不到。為什麼？因為缺乏練習。拋橘子之所以是技能，就是因為它是「學」不會的，要靠「習」。

還有哪些是技能呢？騎腳踏車是技能，你永遠「學」不會騎車，只能靠「習」，摔得渾身瘀青之後才能掌握。演講是技能，一個人即使讀了一百本關於演講的書，如果從不上臺，仍舊一輩子都「學」不會演講。

仔細想想，我們是不是常說「溝通技能、談判技能、管理技能」，而不說「溝通知識、談判知識、管理知識」？因為這些能力都要靠練習才能變成條件反射，存儲在「反射腦」（Reflex Brain）中。

那麼，什麼是態度？

態度就是你選擇的，用來看待這個世界的「有色眼鏡」。

比如，你覺得這世界是友善的，還是充滿惡意的？誠信的人是更加值得合作的聰明人，還是可以欺騙的傻子？商業利益是滿足客戶之後順帶的結果，還是反過來——滿足客戶是獲得商業利益的一種手段？

最難學的就是態度。每個人心中都有一扇門，無論外人如何呼喊、衝撞，這扇門始終只能從裡面打開。態度是沒有人能教的，態度是心的選擇。

回到開篇的提問，我覺得大學所學對自己的幫助，態度占比大於百分之五十，技能大概占百分之三十，知識只有不到百分之二十。其中，來自大學課堂的知識可能已經不到一半，也就是百分之十了。所以，我們必須保持終生學習。

關於知識、技能和態度，我想再給大家幾個建議。

第一，不要把知識當技能學。

有一些「實戰主義者」，只相信自己感悟的東西，所以忽視前人的思考、客觀的規律，把知識當技能學，通過四處碰壁，總結出一些似是而非的經驗。這就是「重造輪子」（多此一舉）。你的頓悟，可能只是別人的基本功。只有站在前人的肩膀上，人類才能不斷進步。

第二，不要把技能當知識學。

有一些「理論主義者」，喜歡透過買書來學習。怎麼演講？買本書來看看。怎麼談判？買本書來看看。怎麼看書？還是買本書來看看。書中所講的都是如何練習技能的步驟，而不是技能本身。正如古詩所言：紙上得來終覺淺，絕知此事要躬行。

掌握關鍵

知識、技能與態度

知識就是已經被發現和證明的規律，它是確定的。技能就是那些你以為你知道，但如果沒親自做過，就永遠不會真正知道的事情。態度就是你選擇的，用來看待這個世界的那副「有色眼鏡」。保持終生學習，要注意幾點：第一，不要把知識當技能學；第二，不要把技能當知識學。

延伸思考

職場 or 生活中，可聯想到的類似例子？

02

掌握亮點

有時候，錯的不是世界，而是你理解世界的思維模式。

思維轉換——換個角度看世界

網上盛傳一個故事。大英圖書館建了一幢漂亮的新樓，準備整體搬遷過去。但是由於圖書太多，搬遷工作量巨大，花費也十分驚人，據估算需要三百五十萬美元。這讓圖書館館長傷透了腦筋：怎樣才能用盡量少的錢，把海量的圖書搬到新館去呢？僱用更便宜的人力嗎？或者發動所有員工及其家屬？抑或是要求新館建設者承擔這項工作？

都不現實。在「搬書」這個固有的思維模式下，可能很難找到更好的方案了。這個時候，就需要一次「思維轉換」。

有位年輕人對館長說：「我來幫你搬書，只要一百五十萬美元。」隨後，他在報紙上刊登了一則消息：即日起，大英圖書館向市民提供免費、無限量的圖書借閱服務，條件是從老館借出，把書還到新館去。這位年輕人把「搬書」的思維模式轉換為「還書」，結果只花了不到原預算的一個零頭，就完成了看似不可能完成的任務，自己也因此成了百萬富翁。

這就是思維轉換。每個人都在以自己的理解力和經歷構建思維模式，然後再用這個思維模式去理解世界。**思維轉換，就是改變人們理解世界的方式。**

如果我們只想發生較小的變化，專注於自己的態度和行為就可以了；但如果想發生實質性的變化，那就需要思維轉換。

再舉個例子。某個週日清晨的紐約地鐵上，乘客們都安靜地坐著。這時上來了一個男人，他帶著幾個孩子，孩子們一上來就四處奔跑，玩耍作怪。男人坐在一旁，就像沒看見一樣。乘客們非常不滿，終於有一個乘客忍無可忍，對這個男人說：「先生，可否請您管管您的孩子？」

故事看到這裡先暫停一下，我們不妨問問自己：讓人忍無可忍的思維模式是什麼？是「每個熊孩子*背後，一定有個熊家長」嗎？

男人抬起頭來，如夢初醒般輕聲說：「是啊，我是該管管他們了。他們的母親一小時前剛剛去世，我們剛從醫院出來。我手足無措，孩子們大概也一樣。」

這不是虛構的故事，而是《與成功有約》（*The 7 Habits of Highly Effective People*）一書的作者——史蒂芬・柯維（Stephen Covey）的親身經歷。史蒂芬的書銷售了數千萬冊，他本人也被評為「影響美國歷史進程的二十五位人物」之一。他說，自己聽到男人的回答後，瞬間怒氣全消，非常自責，憐憫之情油然而生：「啊，原來您的夫人剛剛去世。我感到很抱歉！我能為您做些什麼？」

有時候，錯的不是世界，而是你理解世界的思維模式。所以，請打開也許已經生鏽的思維轉換的開關。具體怎麼做？這裡有幾點建議。

*「熊孩子」一詞用來形容沒有規矩、情緒控管差、沒有獨立生活能力的孩童。

第一，多讀書、多交友、多旅行。

每本書都是一套思維模式。一個人讀書愈多，就愈能理解不同的思維模式，愈有助於打開思維轉換的開關。建議大家每年至少讀二十本書，並做筆記；對自己要求更高的人，可以考慮讀五十本以上。

每個人都有一套自己的思維模式。認識的人愈多，就愈能理解自己思維模式的侷限性。我建議大家不要獨自吃午餐，只要「沒有一起吃過午餐」的名單上還有人，就不要錯失理解別人思維模式的機會。

旅行也能帶來巨大的幫助。有一次，我在美國商場裡買東西，選了一件標價八十三美元的商品。我拿出一張一百美元和三張一美元的紙鈔，一共一百零三美元，遞給店員。店員一臉茫然地把三美元還給我，說「不需要」，接著把商品遞給我，說「八十三」，然後把鈔票一張張地數給我：九十七、九十八、九十九、一百！

我立刻理解了她的思維模式：你給我一百美元，我連商品帶找錢，加在一起還你一百美元。而我的思維模式是：我給你一百零三美元，商品標價八十三美元，前後相減，你要找給我二十美元。她不理解我的思維模式，我也沒用過她的思維模式，但我們各自幸福地生活了幾十年。

第二，把自己的腳放進別人的鞋子裡。

美國作家瑞蒙・卡佛（Raymond Carver）寫過一篇短篇小說〈請你為我想一想〉，說的是一種設身處地替別人著想，感同身受的思維方式。其實，每一次爭論都是練習思維轉換的好機會，你可以試著用對方的觀點說服自己。

張偉俊是中國第一位私人董事會教練。有一次，他受邀主持了一場企業家辯論會。那些企業家平時在自家公司都是說一不二的，大家誰也不肯服誰，結果愈辯論愈激動，差點兒就要打起來了。張偉俊立刻叫停，讓他們交換立場後繼續辯論。當時所有人都傻了，稍微停頓之後，大家又唇槍舌劍起來，開始站在對方的角度自圓其說。這場辯論對在場的幾百位企業家來說都是深刻的一課。只有把自己的腳放進別人的鞋子裡，你才能看清，之前捍衛的究竟是自己的觀點，還是自己的尊嚴。

掌握關鍵

思維轉換

如果只想發生較小的變化，專注於自己的態度和行為就可以；但如果想發生實質性的變化，就需要思維轉換，改變理解世界的方式。怎樣才能打開思維轉換的開關？有兩條建議：第一，多讀書，多交友，多旅行；第二，站在別人的立場，設身處地。

延伸思考

職場or生活中，可聯想到的類似例子？

03

成熟模式圖——獨立是不成熟的表現

啟動亮點

只有基於彼此優勢的互相依賴，才是真正的成熟。

一個業務在公司工作很多年，跟某大型中央管理企業（簡稱央企）客戶的採購部負責人關係特別好。有一天，這位採購部負責人建議業務：「你為什麼不自己出來創業？我把我的訂單都給你做。」業務聽了非常心動，於是毅然辭職，後來真的接到了幾筆訂單，小生意做得還不錯。可是沒過多久，採購部負責人突然調動職位。新任負責人上任後，訂單立刻就沒有了。這位業務很痛苦，到處尋找新客戶，但是因為產品和服務都沒有突出優勢，他四處碰壁。最後，這家「關係型公司」關門大吉，業務也只得重新回去打工。

而央企採購部的新任負責人也有自己的打算，他覺得把錢給其他公司賺很不划算，於是自己成立了很多子公司，生產各種配件和原材料，專門供給央企。除此之外，他還自建了餐廳、幼兒園、醫院、住宅等，甚至連菜地都有，形成了一個「城市型公司」。然而，他很快就發現，每個子公司供貨的質量和價格都比不上從外面採購，成本直線上升，央企不但沒有因此賺到更多錢，利潤反而直線下降。董事會幾經討論，最終決定開除這位負責人。

顯然，關係型公司和城市型公司都有問題。究竟是什麼問題呢？是業務樂觀估計了客戶採購部負責人的任期，還是新任負責人沒有對子公司做好績效考核？其實，這兩個人有一個共同的問題——不成熟。

什麼是成熟？

舉個例子。有人說，人類都是早產兒。剛出生的小馬很快就能站起來，抖動幾下身體就能走了；但人類的嬰兒要「七坐八爬」，一歲才會走路，然後在父母的呵護下一點點成長。大學畢業之前，我們基本不具備獨立生存的能力，離開父母幾乎無法生活。這個階段叫做「依賴期」。

大學畢業後，我們迫不及待地遠離家鄉，恨不得走得愈遠愈好。就算與父母在同一個城市，也會想方設法擺脫他們，獨自租房子住。我們為拿到第一個月的薪水激動不已，因為這意味著我們獨立了！我們相信，只有拋棄拐杖、破釜沉舟、依靠自己，才能贏得最後的勝利。雖然比依賴更辛苦，但我們知道，獨立才是成功之路，什麼事情都得自己去做。這個階段叫做「獨立期」。

然而，接下來，我們很快就遇到了瓶頸——漸漸發現自己能做的事情終究有限。我們開始從害怕依賴別人到嘗試和別人合作，甚至把後背交給值得信賴的戰友。於是，一群並不完美但各有優勢的人彼此合作，終於成就了一番真正的事業。這個階段叫做「互賴期」。

依賴顯然不成熟，獨立其實也不成熟。只有基於彼此優勢的互相依賴，才是真正的成熟。

開篇案例中的關係型公司是「依賴型不成熟」的典型，它嚴重地單方面依賴對方，依靠對方提供衣食來源。城市型公司則是「獨立型不成熟」的典型，它極度恐懼依賴外部，希望完全靠自己，自給自足。

如何才能走向真正成熟的互相依賴呢？史蒂芬·柯維在《與成功有約》一書中提到了走向真正成熟的方法論——成熟模式圖，即從依賴期到獨立期，最終達到互賴期的兩個階段和七個習慣。

第一，從依賴到獨立的「個人成功」階段。

史蒂芬認為，有三個習慣可以幫你實現獨立：積極主動——從「我不得不做」，變成「我想做」；以終為始——「先在腦海中構建未來，才可能在現實中實現未來」；要事第一——「多做重要的事情，就會減少緊急的事情」。

第二，從獨立的「個人成功」階段到互相依賴的「公眾成功」階段。

史蒂芬認為，還有三個習慣有助於實現互相依賴：雙贏思維——「只有我成功不夠，你也要成功」；知彼解己——「比被別人理解更重要的是理解別人」；統合綜效——「你相不相信可以和競爭對手共贏」。

除了以上六個習慣，第七個習慣是「不斷更新」。習慣不是一蹴而就的，只有不斷練習才能更加成熟。

掌握關鍵

成熟模式圖

成熟模式圖包括從依賴期到獨立期，最終達到互賴期的兩個階段和七個習慣。主動積極、以終為始、要事第一，這三個習慣幫助我們到達獨立的「個人成功」階段。雙贏思維、知彼解己、統合綜效，這三個習慣幫助我們到達互相依賴的「公眾成功」階段。而「不斷更新」的習慣能幫助我們磨礪前六個習慣，讓自己變得愈來愈成熟。

延伸思考

職場or生活中，可聯想到的類似例子？

04

啟動亮點

選擇態度的自由，是人可以擁有的最後一項自由。

積極主動——別讓消極把你拉入海底

在工作和生活中，大家可能都聽到過這樣的話：

我就是這樣做事的……

××簡直把我氣瘋了……

我根本沒有時間……

要是妻子能更耐心一點就好了……

我只能這樣……

這些話都很消極。誰都知道消極不好，但現實中為什麼會有這麼多消極情緒呢？是因為「現實太殘酷」嗎？其實，這個回答本身也很消極。

有的人可能會反駁：「說事實也算消極嗎？我確實就是這種做事風格、××確實讓我怒不可遏、時間確實不夠用、妻子確實沒耐心、我確實無能為力……如果積極就是讓人假裝開心，那麼我辦不到。」然而，這些真的是事實嗎？也許××惹人生氣是事實、時間緊張是事實、妻子沒耐心也是事實，但是「這些事實讓人無從選擇，所以不得不消極對待」——這件事卻未必是事實。這是推卸責任的「環境決定論」：我沒有責任，責任在別人，是基因、命運、環境等決定了現狀，我別無選擇。

真的別無選擇嗎？

「二戰」期間，一位猶太裔心理學家維克多．弗蘭克（Viktor Frankl）被關進了納粹集中營。當時，被關進納粹集中營幾乎意味著死刑，弗蘭克非常痛苦。很多猶太人和弗蘭克一樣，受盡煎熬，他們對這件事的態度逐漸從「為什麼」的憤怒和恐懼，變成「這就是命」的消極接受，最終精神徹底崩潰，死在集中營裡。在必死面前，應該算是沒有選擇了吧？然而，弗蘭克卻看到，另一些人不但活了下來，而且變得更堅強，他們居然每天用玻璃片把鬍子刮乾淨，高貴地面對苦難。弗蘭克深受感染，他決定選擇積極的生活態度，做一些力所能及的事情，甚至唱歌、舉辦活動，通過各種方式和集中營的囚徒們一起渡過難關。

戰爭結束，弗蘭克終於走出了「地獄」。他寫了一本著名的書——《活出意義來》（*Man's Search for Meaning*），他在書中寫道：選擇態度的自由，是人可以擁有的最後一項自由。

消極，是把苦難的責任推卸給外界，然後怨天尤人、尋找心理宣洩，對現實沒有任何幫助。消極，是在抱怨中屈服於困難。消極，就像一塊巨石，把人一直往下拉，直至沉入海底。

史蒂芬．柯維說，從依賴期走向獨立期，第一個必須培養的、也是最重要的習慣，就是「積極主動」。積極主動就是從環境決定論者手中奪回選擇權，哪怕看上去不可能的事情，也要相信並做出積極的、微小的改變，從而獲得成功的希望。

怎樣才能不受外部環境的左右，積極獲得主動權呢？史蒂芬在書中介紹了三個方法。

第一，在刺激和回應之間，給自己思考的時間。

假設別人提了一個大膽的提案，你脫口而出「不可能」，那麼，別人的提案就是一個刺激，而你的回應是「不可能」。真的不可能嗎？先別著急下定論，至少在回應之前，給自己三十秒時間想一想。別小看這短短的三十秒，它能幫你從情緒手中一把奪回選擇權，然後交給理性和價值觀。

第二，用積極的語言替代消極的語言。

語言代表心聲。當一個人說「我就是這樣做事」的時候，他心裡其實在想：我這輩子也改不了了。這種做法就是把「改不了」的責任推卸給命運。試著用積極的語言替代消極的語言，比如可以說「我能夠選擇不同的做事風格」。再比如，當一個人說「他把我氣瘋了」的時候，這個人心裡其實在想：這是他的責任，是他控制了我的情緒。這種做法是把自己「控制情緒」的責任推卸給別人，這時不妨試著說「我可以控制自己的情緒」。

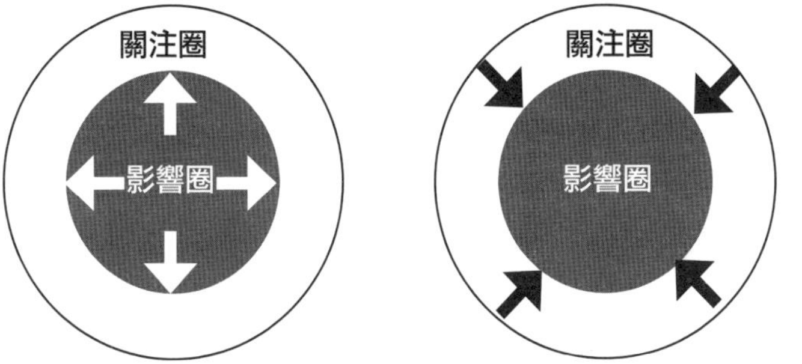

積極能量擴大了影響圈　　消極能量縮小了影響圈

第三，減小關注圈，擴大影響圈。

有的人關心自己的事業、健康，甚至世界局勢，這是他的「關注圈」。但是，關注圈中有些事情是個人無法影響的，比如，他決定不了誰當選美國總統。而關注圈中那些個人可以影響和控制的小圈子，就叫「影響圈」。

個人怎麼才能積極主動，把自己的時間和精力聚焦到影響圈上呢？比如：你不能影響上海的房價，但是可以提升個人能力，賺更多錢；你不能影響老闆的壞脾氣，但是可以學習向上管理，增強有效溝通；你不能把一天變成二十五個小時，但是可以加強時間管理，拒絕不重要、不緊急的事情。

掌握關鍵

積極主動

這是一個人從依賴期走向獨立期要養成的最重要的習慣。不把責任推卸給基因、命運、環境等因素，用「選擇的自由」對自己負全責。怎麼做？第一，在刺激和回應之間，給自己思考的時間；第二，用積極的語言替代消極的語言；第三，減小關注圈，擴大影響圈。

延伸思考

職場or生活中，可聯想到的類似例子？

05

啟動亮點

因為能看到一年之後結束的樣子，所以我願意從今天開始。

以終為始——別把追求成功的梯子搭錯了牆

我曾問《5分鐘商學院》的學生們一個問題：是什麼讓大家願意付費訂閱課程，更重要的是，願意付出時間，一路跟隨我學習呢？是課程的名字取得好，還是因為有雷軍、吳曉波的推薦？

後臺留言中，很多學生說自己之所以會毫不猶豫地訂閱，都是因為被那張體系完整、結構清晰的全年課表吸引。有了課表，他們就能明確地知道，一年認真學下來到底可以收獲什麼，「因為能看到一年之後結束的樣子，所以我願意從今天開始」。

這就是史蒂芬・柯維在《與成功有約》中總結的，從依賴期到獨立期需要養成的第二個習慣——以終為始。

什麼是以終為始？

想像一下，假如你需要建造一幢大樓，你會怎麼開始？喊著「兄弟們，跟我上」的口號，幹起來再說？這顯然不行。蓋大樓，一定要先設計——主體設計、外牆設計、景觀設計、室內設計；接著，根據設計做出建築施工圖、結構施工圖、設備施工圖等；最後，拿著圖紙施工。

心中一定要有「終」，才知道應該怎麼「始」，這就是以終爲始。先通過基於心智的第一次創造，設計出大樓——也就是「終」；然後才能通過基於實際的第二次創造，從「始」出發，建造出大樓。第一次創造的「終」是第二次創造的「始」，這就是以終為始。

怎樣才能養成以終為始的習慣，成為自己的第一次創造者呢？要注意三件事。

第一，確定目標。

有這樣一個故事。三隻獵犬追一隻土撥鼠，土撥鼠鑽進了樹洞，樹洞只有一個出口。突然，從樹洞裡鑽出一隻兔子，它飛快地爬上了一棵大樹。可是，兔子在樹枝上沒站穩，掉下來砸暈了正仰頭看的三隻獵犬。最後，兔子逃脫了。

這個故事有什麼問題嗎？

有人說：兔子不會爬樹。有人說：一隻兔子不可能同時砸暈三隻獵犬。這些都是好問題，但是有沒有人注意到：土撥鼠到哪裡去了？

土撥鼠就是目標。很多人面對複雜的環境，常常迷失了自己的目標。對個人而言，人生的使命是什麼？對企業而言，公司的願景是什麼？對專案而言，成功的標準是什麼？成為第一次創造者，第一步就是要確定自己的目標，然後才能堅定地追尋目標。

第二，堅持原則。

確定目標之後，還需要有一些基本的原則。經常有《5分鐘商學院》的學生給我留言：「劉老師，您講得非常好，但能不能把五分鐘延長到二十分鐘呢？我每天跑步二十分鐘，正好聽完。」我知道，如果真的把單次課程時間改成二十分鐘，一定還會有學生給我留言：「我每天一邊刷牙一邊聽，還是改回五分鐘吧！」《5分鐘商學院》有自己的原則，即用最少的時間幫學生掌握最透徹的知識。

王石也是一個很有原則的人。在攀登聖母峰時，他常常一個人坐在帳篷裡，積蓄體力。隊友招呼他出來看美景，他說：「外面的景色很美，但我更想到達山頂。」

第三，做好計畫。

一九一一年，英國的羅伯特·史考特（Robert Scott）和挪威的羅爾德·阿蒙森（Roald Amundsen）展開了一場比拚，較量「誰是第一個到達南極點的人」。最後的結果是阿蒙森勝出。

阿蒙森贏在計畫。首先，他準備了充足的物資——五個人的團隊準備了三噸物資（史考特團隊有十七個人，只準備了一噸物資）。其次，他做了充分的研究——在去南極之前，專門跟因紐特人住了很長一段時間；他選擇用狗來運輸物資，因為狗不容易出汗（史考特團隊用馬拉物資，馬跑起來就開始出汗，結果被凍住了）；不管天氣如何，堅持每天前進三十公里，保持體力（史考特團隊則視天氣而訂，好的時候多走幾公里，差的時候少走一些）。

阿蒙森到達南極點之後，史考特雖然隨後也抵達了，但死在了回程的路上。

如果沒有第一次創造，許多人會拚命埋頭苦幹，到頭來卻發現，追求成功的梯子搭錯了牆。雖然看上去忙碌不已，或者自己內心覺得滿足、享受，但這種享受可能只是「在鐵達尼號上拉開躺椅」，安詳地等待死亡罷了。

掌握關鍵

以終為始

以終為始，是從依賴期到獨立期需要養成的第二個習慣，把基於心智的第一次創造的「終」，作為基於實際的第二次創造的「始」。養成以終為始的習慣要注意三點：第一、確定目標；第二、堅持原則；第三、做好計畫。

延伸思考

職場 or 生活中，可聯想到的類似例子？

啟動亮點

在事情變得緊急之前，把它們處理完畢。

06 要事第一——如何做到忙而不亂

有些人或許會有這樣的感覺：每天一睜開眼睛，接下來的時間就像在打仗一樣，炮火紛飛，一個專案接一個專案，各種問題層出不窮——客戶、同事、老闆輪番搞砸，一整天掛著電話回微信，回完微信又接電話……折騰到半夜兩點才爬上床，但是沒睡幾個小時，第二天的「戰爭」又開始了。

面對這樣的人，別人勸他們放鬆些，建議他們「讀點書吧」，他們會說：「哪來的時間？我都忙瘋了！」勸他們做好規畫，跟他們討論明年的安排，他們會說：「明年？等我活過明天再說！」勸他們停一停，「讓靈魂跟上自己的步伐」，他們會說：「算了，我還是先跟上時代的步伐吧！」

這就是典型的「救火隊員型」的創業者、管理者。他們始終在和時間賽跑，忙碌、焦慮，在時不我待的「歷史責任感」中疲憊前行。

這樣真的對嗎？當然不對。

他們之所以這麼忙，是因為一直在處理「重要且緊急」的事情。因為重要，所以不得不做；因為緊急，所以必須現在就做。兵臨城下、迫在眉睫，能不焦慮嗎？解決這個問題的關鍵，是減少「重要且緊急」的事情。

具體怎麼做？養成《與成功有約》中所說的第三個習慣——要事第一。

舉個例子。美國某小鎮有一個消防隊，隊裡的消防員們是真正的「救火隊員」。對他們來說，火光就是命令，火場就是戰場，他們總是奔命於各種「重要且緊急」的火災。有沒有辦法減少火災呢？有人可能會覺得：救火不是消防隊的職責嗎？如果沒有火災，消防隊還有存在的意義嗎？但消防隊員們不這麼認為，為了使自己不必每天都出生入死，他們決定在救火工作之外，派專門的隊員上街檢查消防設備、老化電路、易燃物等，逐項反映、改進，排除各種隱患。一開始，工作量變大了，而且效果並不明顯；但過了一段時間之後，大家發現火災真的減少了。因此，消防隊就有更多時間用於排查，火災進一步減少。最終，消防隊的主要工作變成了防火，而不是救火。

專注於「重要但不緊急」的事情，在事情變得緊急之前，把它們處理完畢，這就是要事第一。

具體怎麼做？為你介紹著名的「時間管理矩陣」。

在西方管理中，常會使用「二維四象限」分析工具。這個工具對於分析對立統一的概念非常有用。史蒂芬以「輕重」為一個維度，以「緩急」為另一個維度，構建了二維四象限圖——時間管理矩陣。

為了養成要事第一的習慣，需要針對四個象限使用不同的策略。

第一象限：重要且緊急。

比如，突如其來的公關危機、下週就要提交的投標方案、追趕本月的銷售指標、在重大行業論壇上發布的演講文稿等，這些都是重要且緊急的事情。

這個象限裡的事情，常常是我們焦慮的來源。對待這些事，我們並沒有什麼取巧的辦法，只能立刻動手去做，完成一個是一個。

第二象限：重要但不緊急。

比如，每天收聽《5分鐘商學院》、每週檢查專案進度及風險控制點、招聘優秀人才、常規性地拜訪客戶、與合作夥伴座談、擴展自己的人脈，甚至是享受一次真正的休息等，這些都是重要但不緊急的事情。

因為不緊急，這些事情常常被一推再推，直到變成重要且緊急的事情。比如，當專案風險像雨後春筍般浮現出來時，由於平時疏於溝通，客戶轉而投向了競爭對手的懷抱等等。

要事第一，其實就是要盡量優先地把時間花在第二象限。

	緊急	不緊急
重要	I 危機 緊急的問題 有限期的任務、 會議準備事項	II 準備事項 預防工作 價值觀的澄清 計劃 關係的建立、真正休閒充電
不重要	III 干擾、一些電話 一些信件、報告 許多緊急事件 許多湊熱鬧的活動	IV 細瑣、忙碌的工作 一些電話 浪費時間的事情 無關緊要的事情 看太多的電視

第三象限：緊急但不重要。

比如，信箱裡經常收到的新信件、手機裡「嘟嘟嘟」提醒的各種通知、一些參不參加都可以的活動等。這些事情也許緊急，但並不重要。

我們應該試著關掉信箱、手機，對參不參加都可以的活動一律說「不」。有的人可能會覺得不好推托，其實不必編造理由，只要溫柔而堅定地說：「謝謝，我就不去了。」

很多人之所以沒時間做第二象限的事情，就是因為第三象限的事情做得太多。

第四象限：不重要也不緊急。

比如，跟同事閒談、沒日沒夜地

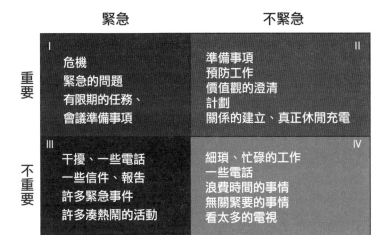

追劇……這些都應該戒掉，除非你覺得閒談或追劇對自己來說就是真正的休息。即便如此，也不要休息上癮。

要事第一，就是主動去除一切「不重要也不緊急」的事情，拒絕大部分「緊急但不重要」的事情，直至減少到總時間的百分之十五以下。這樣一來，你就可以把百分之六十五～百分之八十的時間花在「重要但不緊急」的事情上，並因此得以把焦慮之源——「重要且緊急」的事情，減少到百分之二十～百分之二十五，達到「忙，但不焦慮」的境界。當你掌握了時間管理矩陣的精髓，就可以像比爾·蓋茲（Bill Gates）一樣說：我不忙，我只是時間不夠。

掌握關鍵

要事第一

在時間管理矩陣中，第一象限是「重要且緊急」的事情；第二象限是「重要但不緊急」的事情；第三象限是「緊急但不重要」的事情；第四象限是「不重要也不緊急」的事情。處理不同象限的事情，應該使用不同的策略：主動幹掉一切「不重要也不緊急」的事情，拒絕大部分「緊急但不重要」的事情，專注於「重要但不緊急」的事情，讓自己「忙，但不焦慮」。

延伸思考

職場or生活中，可聯想到的類似例子？

07

如果一方賺錢是建立在另一方的損失之上，這樣的買賣不做也罷。

雙贏思維——

合作取勝，你我都要贏

前文所講的三個習慣——積極主動、以終為始、要事第一，是從依賴期到獨立期需要養成的重要習慣，也是三個重要的思維轉換：積極主動，幫我們把思維轉換為「我可以對自己的行為和選擇負全責」；以終為始，幫我們把思維轉換為「我可以在採取行動之前，先用心智創造結果」；要事第一，幫我們把思維轉換為「我可以讓次重要的事情為更重要的事情讓路」。

對很多人來說，學習這些習慣要比理解「價格錨點」難得多。因為價格錨點是知識，一學就會、立刻能用；而習慣是技能，甚至是態度，需要不斷刻意、刻苦地練習和感悟。但是，習慣是對人的底層操作系統的升級，就如同要拉動更大的車，必須更換更大功率的引擎一樣，它們對人一生的影響，遠遠大於價格錨點。

從獨立期到互賴期也有三個重要的習慣。第一個習慣就是「雙贏思維」。

舉個例子。一個明星業務花了一年多的時間跟進一位潛在客戶，最近終於有了重大進展。客戶表示願意採購業務公司的軟體系統，但因為金額龐大，他要求和該公司老闆以及業務見面。老闆和業務非常高興地登門拜訪。在雙方詳談的過程中，老闆發現該軟體系統其實並不適合客戶，他買回去也是浪費錢。此時，一旦如實相告，業務一年多的努力就會付之東流；如果違心地促成這筆生意，公司的利潤則會大增。這種情況下，老闆應該怎麼辦？

第一種方案，以公司利潤為重，萬一奇蹟發生，對方把軟體系統買回去之後發現很適用呢？老闆要是實在過意不去，可以主動提出給對方打個折嘛！第二種方案，直接告訴對方實情：「感謝您的信賴，其實我們有另一個版本的系統更適合您的業務，而且還能節省百分之八十的採購費用。我覺得雙方的首次合作可以從那個版本開始，然後再不斷深入。」

很多人一定覺得第二種方案簡直是瘋了：對方都願意付錢了，不賺豈不是吃虧？如今，很多人對「吃虧」的定義是：被別人占便宜，當然吃虧；有便宜不占，也算吃虧；便宜占少了，還是吃虧。

真的是這樣嗎？

有一次，馬雲參加阿里巴巴業務的培訓，發現培訓老師居然在講「如何把梳子賣給和尚」。他聽了五分鐘，非常生氣，立刻把培訓老師開除了。為什麼？馬雲說：「把產品賣給那些不需要這個產品的客戶，我認為這就是騙術，而不是銷售之術。」

交易的本質是價值的交換。**雙贏思維，就是雙方通過合作都能獲得價值。**如果一方賺錢建立在對方損失的基礎之上，這樣是行不通的。雙贏思維是一項艱難的思維轉換，但是它會徹底提升一個人的格局。鷹有時候會飛得比雞還要低，但雞卻永遠不可能飛得比鷹高。

如果我們想飛得更高，應該怎樣修練雙贏思維呢？簡單來說，要不斷提高境界。

第一，雞的境界是「我要贏，更重要的是你要輸」。

有的人即使贏了也無法獲得滿足感，只有讓對方輸，他們才會感到滿足。比如，當面對宿敵或競爭對手時，他們對對方失敗的渴望，甚至超過了對自己獲取成功的渴望。這種境界是建立在稀缺心態上的，這些人崇信「你多吃一口，我就會少吃一口；你吃飽了，我就會餓死」，從而讓別人控制了自己的情緒。

第二，雀的境界是「我要贏，如果因此你輸了，別怪我」。

這是一種最常見的心態。抱持這種心態的人，只想著自己贏，不關心對方是贏是輸。如果對方也贏了，「挺好」；如果對方輸了，「對不起，是你自己倒楣」。

回到銷售軟體系統的案例上來，「我的產品是好產品，買不買是你自己的主意。買完之後你用得上，挺好；用不上，也不關我的事。反正我就是要把自己的產品賣出去」，這就是典型的「雀的境界」。

第三，鷹的境界是「你我都要贏，否則就別幹」。

這種境界是建立在充裕心態上的。對於那種「因為你損失，我才獲益」的合作方式，即使放棄，原本能從中獲益的一方也不會餓死；但如果極力促成，那就相當於在損害另一方的利益，實際上也有損於自己在其他合作夥伴，甚至親戚朋友心中的情感帳戶。這樣，自己的路就會愈走愈窄，飛得愈來愈低。

所以，追求贏很簡單，而追求「你輸，我就不贏」，實在很難。

掌握關鍵

雙贏思維

合作一定要讓雙方都獲得價值，這樣的思維能徹底提升一個人的格局。修練雙贏思維有三個境界：第一，雞的境界是「我要贏，更重要的是你要輸」；第二，雀的境界是「我要贏，如果因此你輸了，別怪我」；第三，鷹的境界是「你我都要贏，否則就別幹」。

延伸思考

職場 or 生活中，可聯想到的類似例子？

08

啟動亮點

很多人並不真正懂得傾聽，為什麼？因為他們太喜歡給建議了。

知彼解己——

先理解別人，再被別人理解

一位員工想跟老闆談談專案中遇到的問題，剛剛起了個話頭，老闆就拍著他的肩，語重心長地說：「專案問題我知道，你的想法我也知道……這個專案對公司很重要，我會讓其他部門全力配合你的，你一定能行……」這個時候，員工會怎麼想？他會覺得老闆根本不理解自己，甚至都沒打算理解自己。

雙贏思維的前提是理解別人，而理解別人的前提是傾聽。很多人並不真正懂得傾聽，為什麼？因為他們太喜歡給建議了。

有這麼一個故事。一個人的眼睛不太舒服，去看醫生，結果他還沒開口，醫生就說「我知道了」，然後把自己的眼鏡摘下來，給病人戴上。病人心存疑慮，醫生說：「你放心，這副眼鏡我都戴了十幾年了，很有用，你試試。」病人半信半疑地戴上之後，發現眼前一片模糊，直喊頭暈。醫生說：「怎麼可能？我戴的時候很清楚啊！一定是你佩戴的方式不對。」

聽完這個故事，你一定會覺得醫生很滑稽吧？他還沒有診斷，就開始治療了。很多人也是如此，在聆聽之前就迫不及待地表達。**我們每個人都希望得到別人的理解，卻忽視了要先去理解別人。**

史蒂芬說，一個人為了獲得「公眾成功」，從獨立期走向互賴期，他需要做出一個重要的改變，或者說養成一個重要的習慣：知彼解己。請記住，**首先是知彼，然後才是解己。**

怎樣才能養成知彼解己、有效傾聽的習慣呢？

第一，戒掉「自傳式回應」。

所謂自傳式回應，就是隨便接過一個話題都能自己談上半個小時，或者用自己的價值觀和對事情的有限認知輕易給出建議。比如，「我當年也經歷過與你一樣的人生階段，你應該……」這就是「好為人師型」的自傳式回應，隨時隨地做別人的人生導師；再比如，「……但是你忽略了一些重要的事實……」這是「價值判斷型」的自傳式回應，隨便下判斷、給定論；或者，「你這麼做，還不是為了……」這是「自以為是型」的自傳式回應，妄斷別人的動機；還有，「為什麼你一定要……這麼做有意義嗎？」這是「追根究柢型」的自傳式回應，根據自己的價值觀刨根問底。

自傳式回應是把自己放在溝通的中心，阻礙自己聽，也阻礙自己理解別人，一定要避免。

第二，用耳朵聽，用眼睛看，用心理解。

據專家估計，人際溝通僅有百分之七是通過語言進行的，百分之三十八取決於語調和聲音，其餘百分之五十五則靠肢體語言。所以，有時候基於通訊軟體的文字溝通是不夠的，還要有語音；語音溝通也是不夠的，還要有影片；影片溝通仍然不夠，還要見面。

我們要訓練自己用眼睛看對方的肢體語言。雙手交叉、拇指打轉，這代表不耐煩；雙手抱臂、向後緊靠，這代表抗拒；上身直立、淺淺就座，這代表緊張。

我們還要訓練自己用心理解對方的弦外之音。比如，在大部分情況下，對方說「哦，原來你是這麼認為的」，通常表明他不同意某個觀點；對方說「嗯，挺有趣」，表明他可能對話題不太感興趣。

第三，移情聆聽。

移情聆聽的意思是把心放到對方身上，先感受到對方的快樂、憤怒、痛苦、激動，然後聆聽。這是一種技能，更是一種態度，是知彼解己的關鍵。

進入對方的心靈非常難，但仍然有方法可循。比如，你可以在傾聽的時候，試著重複對方話語裡的幾個字作為回應，這會幫你，也幫對方感受到——你正在進入他的故事；接著，你可以用自己的語言，重複總結對方的表達，「我猜你現在的感覺是……」、「你的意思是不是……」這會幫你，也幫對方感受到——你開始理解他了；然後，你可以呼應對方的情緒，「你當時很憤怒……」、「你覺得很痛苦……」這會幫你，也幫對方感受到——你已經進入他的心，理解他的情緒；最後，你再用自己的語言，把對他的問題的理解、對他的情緒的感受總結一下，此時，你和他就站在一起了。

最終你會發現，有時候根本就不需要再提建議了；就算提建議，這時你的建議也會更有價值；就算這個建議的價值和未聆聽時一樣，對方的接受度也會高出很多。

當然，在這個過程中，你需要有足夠的智慧去判斷，什麼時候重複、總結、呼應其實是不必要的，安靜聆聽已經足夠。

掌握關鍵

知彼解己

把心放到對方身上，先感受到對方的快樂、憤怒、痛苦、激動，然後聆聽。理解別人，是重要的態度；聆聽別人，是重要的技能。怎麼做呢？第一，戒掉「自傳式回應」；第二，用耳朵聽，用眼睛看，用心理解；第三，移情聆聽。

延伸思考

職場 or 生活中，可聯想到的類似例子？

啟動亮點

與別人合作時，最終的解決辦法通常是各讓一步的妥協方案。有沒有其他創造性的合作呢？

09

統合綜效——

找到「一加一大於二」的解決方案

假設某個週末的清晨，你被鄰居的電話吵醒。他在電話裡怒氣沖天地抱怨你家的狗叫個不停，吵得他一夜都沒睡好。他說：「你怎麼不讓那隻沒教養的狗安樂死！」你自知理虧，但也很反感他說話的語氣，不想理他。沒想到，沒過多久，網上就有一篇名為〈鄰居家的狗好吵，怎麼才能神不知鬼不覺地毒死牠〉的文章流傳開來。

怎麼辦？把狗弄走嗎？可是你和狗很有感情，捨不得。不理睬鄰居嗎？可是誰也不知道他會不會真的把狗毒死。除了這兩種方案，還有沒有其他的解決方案呢？

我們在與別人合作時，常常也會遇到類似令人頭疼的選擇，最終的解決方案通常是各讓一步，「我再便宜兩元，你也加一元，成交」，或者「這批硬體我就不還價了，但你再送我兩套軟體」。除了類似的妥協方案，還有沒有創造性的合作呢？

舉個例子。每年秋天，大雁都要往南飛，一下排成「一」字形，一下排成「人」字形。為什麼大雁不排成別的字形呢？這是因為「一」字形或「人」字形編隊會使飛行更省力。大雁扇動翅膀時，會在後方帶起一股上升氣流，緊跟在後面的大雁可以借力飛行。等到領頭雁飛累了，後面的大雁還會接替牠的位置，輪流休息。據科學家分析，以「一」字形或「人」字形編隊飛行的雁群，牠們能飛的距離比單隻大雁能飛的距離長百分之七十三。

這就是「統合綜效」——通過創造性合作，實現整體大於部分之和。統合綜效是除了「非此即彼，你多我就少」的妥協方案之外，透過創造性合作，找到「一加一大於三」的第三方案。

那麼，如何尋找這種基於創造性合作的第三方案呢？

第一，尊重差異，感激多樣性。

我們眼中看到的並不是真實的世界，而是真實世界在心中那面鏡子上的投影。鏡子不同，世界的投影也不同。所以，不要追求投影，也就是觀點、價值觀的一致；相反，應該尊重觀點的差異，感激團隊的多樣性。從價值的角度來看，如果兩個人的觀點完全相同，那麼其中一人必屬多餘。

很多美國公司都鼓勵多樣性，因為這是創造力的源泉之一。有的公司不僅鼓勵多樣性，甚至不允許不多樣。比如，不允許上下級是從同一所大學畢業的，以免觀點、價值觀過於相似；而不同性別、不同種族、不同信仰、不同專業，才有助於讓整個團隊充滿差異性，激發奇思妙想。

第二，從報仇到妥協，再到合作。

最差的合作是報仇——「我寧願重傷，也要讓你死」或者「我寧願死，也要讓你重傷」，報仇的結果是「一加一等於〇．五」；妥協，就是雙方各讓一步，讓一步總比不讓步好，妥協的結果是「一加一等於

一．五」；而合作是「我幫你，你也幫我」、「我做冰箱，你賣冰箱，大家一起賺錢吧」，合作的結果是「一加一等於二」。

第三，共享目標，創造性合作。

從合作到創造性合作的祕訣是：找到共享的目標。

瞎子看不見路，瘸子走不了路，兩個人都寸步難行。這時，大家的目標不是彼此嘲笑，而是走路。以走路為共享的目標，瞎子把瘸子背起來，瘸子為瞎子指方向，這樣就可以一起到達很多地方。

舉個商業世界的例子。線上和線下一定是你死我活的關係嗎？其實，線上和線下共享的目標是「更多流量」。所以，線上成功的淘品牌之一茵曼，已經開始在線下開展「千城萬店」計畫。

再比如，網路和傳統行業一定是你死我活的關係嗎？其實，網路和傳統行業共享的目標是「更高效率」。所以，連傳統的烤蕃薯小攤，現在都可以實現網路支付了。

掌握關鍵

統合綜效

秉持雙贏思維，運用知彼解己的習慣，才能產生統合綜效的成果。如何訓練統合綜效呢？第一，尊重差異，感激多樣性；第二，培養自己從報仇到妥協，再到合作；第三，發現共享目標，通過創造性合作，找到第三方案。

延伸思考

職場 or 生活中，可聯想到的類似例子？

啟動亮點

花再多錢都無法瞬間獲得好習慣，好習慣只能用時間換取。

10

不斷更新——

把優秀變成一種習慣

武俠小說中有幾種常見的武功：第一種是輕功，縱身一躍，就能飛到高處；第二種是點穴，手指一點，就能把對方定住；第三種是吸星大法，可以輕易把對方苦練幾十年的功力轉移到自己身上。

這三種武功中，你覺得哪一種最不可靠？我覺得是吸星大法。輕功，借助「可穿戴飛行器」就能做到；點穴，類似於藥物注射瞬間導致肌肉僵硬的效果；但是，要想把幾十年的功力像物品一樣傳來傳去，幾乎不可能，因為它違反了「時間律」。

什麼是時間律？在這個世界上，有些東西是偷不來、搶不來、要不來、買不來的，唯一的獲得方法就是用時間換。比如，花一億元也買不來騎腳踏車的技能，但是花三個小時練習卻可以掌握。

習慣，就是符合時間律的典型。也就是說，花再多錢都無法瞬間獲得好習慣，好習慣只能用時間換。對習武之人來說，只有堅持不懈地站樁、蹲馬步，才能不斷精進。對普通人來說，只有肯花費時間，才有可能把優秀變成習慣。

具體應該怎麼做？史蒂芬．柯維說，需要養成第七個習慣——從身體、精神、智力、社會／情感四個方面，對自己「不斷更新」。

第一，身體。

要想在商業、管理、個人方面做得更優秀，就必須有充沛的體力和旺盛的精力。基層工作者靠體力，中高級管理者靠智力，而頂級的企業家回過頭來又要靠體力。

萬達創始人王健林一天要在四個城市之間奔波，蘋果公司 CEO 提姆．庫克（Tim Cook）一天只能睡三個小時。身體就像是手機電池，電池容量不夠或者電量始終在百分之二十以下是成不了大事的。

那該怎麼辦?保持健康飲食、充分休息、定期運動,並養成有規律的作息習慣。身體訓練屬於「重要但不緊急」的事情,如果做到這些對你來說很難,可以嘗試在《每個人的商學院．商業基礎》裡講過的「對賭基金」,幫自己走入正循環。

第二,精神。

強大的精神力量也是需要不斷訓練的。

二〇〇九年,我參加了「玄奘之路」戈壁挑戰賽,在荒無人煙的鹽鹼地裡,四天徒步一百二十公里。看著單調的景色、拖著疼痛的雙腿,心裡想著理想、行動、堅持……在衝過終點的那一刻,我沒有感到豪情萬丈,而是平靜如水。

二〇一三年,我在海拔三千三百公尺的地方,用五天時間環青海湖騎行三百六十公里。有一天,我實在沒能完成當天的目標,第二天自己主動倒退二十公里,然後追上隊伍,完成了全程。

二〇一五年,我和十位朋友一起遠赴非洲,用七天時間攀登非洲第一高峰——海拔五千八百九十五公尺的吉力馬札羅山。我們在大雨、嚴寒、高原反應等惡劣條件下成功登頂，在最後登頂的那一刻，所有人都抱頭痛哭。

快樂是獎賞，痛苦是成長。經過這樣的精神訓練，你幾乎可以面對任何商業世界的挑戰。

第三，智力。

如果把智力比作手機操作系統，那麼智力訓練就是安裝各種應用程式，以增加操作系統的功能。

具體怎麼做？不妨嘗試多讀書，多寫作。

多讀書。雖然如今網絡上有很多內容，但大部分內容都是碎片化的，甚至是片面的。我寫過不少書，當我試著把自己的觀點寫成書的時候，會把自己挑戰得體無完膚，甚至想要放棄。大家可以嘗試至少每個季度讀一本書，然後每月讀一本、每週讀一本。比如，收聽「得到」App裡的「每天聽本書」欄目，就是快速獲取書籍精華的好方式，如果你對某本書深有感觸，再把全本找來仔細閱讀。

多寫作。試著把自己的想法寫下來，慢慢地你會發現，有很多自以為想清楚的事情，其實另有天地。寫作可以幫我們把囫圇吞棗吃下去的知識重新消化、吸收。你還可以試著至少每月寫一篇文章，公開發表，接受大家的質疑。這些質疑可以進一步幫你完善思維方式和知識體系。

第四，社會／情感。

社會關係和情感連接也必須不斷訓練、持續積累。

常常有人問我是如何建立人脈關係的，我的回答是：給予價值。你能給予什麼樣的價值，就會認識什麼樣的人。如果不能用價值澆灌人脈，那就只能用人品抵押。抵押到最後還不起了，如果還想借，就會面臨破產。人脈，不是那些能幫到你的人，而是那些你能幫到的人。所以，持續地給予價值是積累和更新人脈的唯一方法。給予減去索取，等於人脈；付出減去回報，等於胸懷。

掌握關鍵

不斷更新

優秀習慣的養成，無法通過「吸星大法」瞬間獲得，需要通過身體、精神、智力、社會／情感四個方面的不斷訓練，用時間持續積累，磨礪其他六個習慣（主動積極、以終為始、要事第一、雙贏思維、知彼解己、統合綜效），從而把優秀變成一種習慣。

延伸思考

職場or生活中，可聯想到的類似例子？

11

啟動亮點

想法產生行動，行動養成習慣，習慣變成性格，性格決定命運。

習慣——從狹窄的百分之五跨到廣闊的百分之九十五

史蒂芬·柯維所講的七個習慣確實讓人醍醐灌頂，但是養成習慣是很難的。有人質疑：我真的需要養成這些習慣，才能成功嗎？如果每個人都這樣來管理自己，生活還有什麼樂趣？也有人說：我也有自己的習慣，現在不是強調「做自己」嗎？我能不能一邊「做自己」，一邊獲得成功呢？

為了回答這些問題，我覺得有必要在剖析了七個習慣之後，回過頭來重新理解「習慣」這個概念。

什麼是習慣？

一起來做一個實驗：雙手十指交叉，緊緊握在一起，不要鬆手。你會發現，有的人把右手的拇指放在最上面，有的人把左手的拇指放在最上面。如果讓這些人改變一下，刻意把另一隻手的拇指放到上面，他們會覺得非常彆扭——這就是習慣。**習慣，就是一些人做起來覺得彆扭的事情，另一些人卻覺得很自然。**

為什麼會這樣？這是人類的大腦結構使然。歐洲商學院教授特奧·康普諾利（Theo Compernolle）在《慢思考》（*Brainchains*）一書中，把人的大腦分為反射腦、思考腦和存儲腦。簡單來說，反射腦管直覺、思考腦管理性、存儲腦管記憶。反射腦的直覺依賴於習慣，用習慣做出反應，快速、「省電」，但未必總是正確。思考腦的理性依賴於邏輯，用邏輯做出反應，緩慢、「費電」，但通常更加正確。

那麼，直覺和理性——也就是習慣和邏輯，哪一個對我們更重要呢？

行為科學研究得出結論：**在一個人一天的行爲中，大約有百分之五是非習慣性的，而其他百分之九十五的行爲都源自習慣。這基本上意味**

著，**是習慣，而不是邏輯，決定了我們的一生**。有的人可能會覺得這個結論顛覆了認知：天啊，這可不行！我的思考腦絕不能屈服於反射腦。但是，畢生都用百分之五的邏輯來與百分之九十五的習慣做鬥爭，這不是最佳策略。

實際上，最佳策略恰好相反，即**把邏輯上認同的東西訓練成習慣，然後用習慣來指導一生**。比如雙贏思維，也許在某個合作中，你動用思考腦，用邏輯權衡雙方利弊，最後決定採取雙贏策略，但這種情況只占百分之五，還有百分之九十五的情況是你可能會習慣性地損害對方利益。把邏輯上認同的東西訓練成習慣，就是通過反覆練習把雙贏思維寫入反射腦，將其變為條件反射，從而讓自己在百分之百的情況下都能做出正確的決定。

有人可能會想：這樣的習慣會令人很痛苦吧？其實不然。養成習慣的過程很痛苦，但習慣本身不會讓人痛苦。比如，我們在剛學騎腳踏車的時候很痛苦，不知道摔了多少跤，但是學會之後，每天騎車上下學就不痛苦了。因為這個時候，騎車已經變成了一種習慣。

同樣，當我們把雙贏思維作為一項規則來遵守時，會感到很痛苦；而當雙贏思維成為習慣之後，一切都會自然而然。我們之所以痛苦，只是因為不習慣，就像雙手交叉時，如果讓習慣於右手拇指在上的人，換成把左手拇指放在上面，他們肯定痛苦不堪。所以，養成一個好習慣就相當於把一個正確的邏輯寫入反射腦。這時，我們不但在「做自己」，而且還成了更好的自己。

史蒂芬·柯維說，想法產生行動，行動養成習慣，習慣變成性格，性格決定命運。我建議大家找一件確定要做的事情，然後在未來二十一天讓它成為習慣。這樣做可以幫助我們把思考腦中的邏輯變成反射腦中的習慣，幫助我們從狹窄的百分之五跨到廣闊的百分之九十五。

掌握關鍵

習慣

一些人做起來彆扭的事情，另一些人卻覺得很自然，這就是習慣。在人的行為中，只有百分之五是由思考腦中的邏輯驅動的，其他百分之九十五是由反射腦中的習慣驅動的。我們要把邏輯上認同的東西訓練成習慣，用習慣指導一生，讓自己成為「更好版本的自己」。

延伸思考

職場or生活中，可聯想到的類似例子？

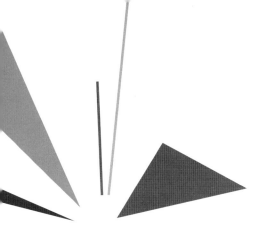

第2章

情商養成

01　**同理心**－千般能力的共同心法

02　**自我認知**－知人者智，自知者明

03　**自我控制**－自律才是最大的自由

04　**自我激勵**－理想和堅持讓你變得優秀

05　**人際關係處理**－如何從情感帳戶裡存提款

01

啟動亮點

訓練同理心不但有助於管理下屬，還有助於管理平級，甚至管理老闆、管理外部。

同理心——

千般能力的共同心法

在商業世界中進行個人修練，有一種極其重要的能力——情感能力，也就是「情商」。我們常聽別人說，某人的智商很高，但是情商不高。也有人說，情商比智商更重要。這些說法正確嗎？這些說法聽上去有些道理，但其實都不準確。

我們首先要理解，什麼是智商？智商通常是指人的觀察力、記憶力、想像力、創造力、分析判斷能力、思維能力、應變能力和推理能力等。用一句話來總結：智商就是人理解規律、運用規律的能力。

把智商持之以恆地用在數學領域的人，成了數學家；把智商持之以恆地用在物理領域的人，成了物理學家；而把智商持之以恆地用在與人打交道上的人，就擁有了所謂的「情商」，成為情感專家。

情商與智商並不對立；相反，情商是智商的一個結果。只是同時決定這個結果的，還有持之以恆的「訓練」。也就是說，情商＝智商×情感訓練。

只有正確地理解了情商，才有可能提高情商。世界上之所以存在情商很低的數學家，是因為他們更喜歡把智商用在訓練數學能力上，而不是訓練情感能力。智商的高低，決定了情商的天花板。但是，很多人在情感訓練上的努力程度之低，根本還輪不到拚智商。

那麼，應該怎樣訓練情商？與大家分享五種「元能力」的訓練：同理心、自我認知、自我控制、自我激勵和人際關係處理。首先，從同理心開始。

同理心是第一種元能力。前文在講「知彼解己」時，提到過「移情聆聽」。所謂移情，就是指從別人的感情出發，站在別人的角度看待問題。這其實就是同理心。同理心之所以被稱爲「元能力」，是因爲很多其他能力都是從這個能力上演化出來的，比如管理能力、職業化能力、演講能力、業務能力等。

激勵員工的元能力也是同理心——管理者要從員工的感情出發，站在員工的角度思考，他到底需要什麼，而不是可以給他什麼。訓練同理心不但有助於管理下屬，還有助於管理平級，甚至管理老闆、管理外部。

所有的職業化能力，比如上車坐什麼位置、進電梯會不會大聲喧嘩、走路時會不會主動靠右、是否守時、是否尊重別人等，其實都是在訓練從別人的感情出發、站在別人的角度思考問題的能力。

同樣的道理，高超的演講最重要的不是講，而是幫助聽眾傾聽。演講者要從聽眾的感情出發，站在聽眾的角度，順著聽的邏輯來講。這樣一來，聽眾接受觀點就會變得容易很多。

業務能力也是一樣，人們都不喜歡被賣東西，只喜歡買東西。所以，業務要從顧客買東西的感情出發，站在顧客的角度，思考他遇到了什麼問題、產生了什麼需求、需要什麼工具、為什麼要買產品等。

這一切都源自同一種元能力——同理心。

怎樣才能訓練同理心，提升自己的情商呢？有兩個簡單的訓練辦法。

第一個辦法：指路。

假如一個朋友開車迷路了，又沒有導航設備，他只好打電話向你問路。你會怎麼指路？你說：「筆直開到一個賣包子的小店，然後右轉就到了。」這是缺乏同理心的指路方式。如果站在迷路者的角度想一想，你就會理解，他找到那個包子店的難度，可能和找到正確的路的難度是一樣的。有同理心的人會先問清對方周圍是什麼環境，然後和自己記憶中的位置匹配，最後告訴對方：「再往前開四百公尺，過兩個路口，右轉就到了。」經常練習指路，能有效地訓練同理心。

第二個辦法：玩「天黑請閉眼」。

天黑請閉眼是一個角色扮演遊戲，參與者通過抽籤來確定自己的身分——殺手、警察或平民，然後大家不公開身分，僅僅靠語言溝通，猜測誰是殺手。這個遊戲能有效訓練從別人的感情出發，站在別人的角度思考的能力。在遊戲中表現出超常判斷力的人，通常都是在現實生活中同理心很強的人。

掌握關鍵

同理心

同理心就是從他人的情感出發，站在他人的角度看待事情，將心比心。如何訓練同理心？從銷售、管理、演講、職業素養中都可以訓練。此外還有兩個小方法：一、練習為人指路；二、玩角色扮演遊戲。

延伸思考

職場or生活中，可聯想到的類似例子？

02

啟動亮點

「做自己」是現實自我，「做最好的自己」是理想自我。不要高估自己的能力，也不要低估自己的潛力。

自我認知——

知人者智，自知者明

一個人要提高自己的情感能力，就必須認識到，人與人之間有一種無關優劣的「不同」。在全世界七十多億人之中，你最需要瞭解的一個「不同」的人就是你自己。這就是我們常說的「自我認知」。

過去我一直以為自己是個外向的人，到處演講、為別人提供諮詢服務。但是，當參加buffet時，我發現有些人端著一杯香檳優雅地走來走去，碰見誰都能聊兩句，呼朋喚友、談笑風生。而我卻常常一個人端著一杯可樂，靜靜地站在角落，誰也不想搭理。我覺得這樣不對，但始終無法改變自己。直到有一天，我參加了一項專業測驗，終於知道：啊？我居然是個內向的人。

每個人的能量來源不同。有些人的能量來自安靜的思考，有些人的能量來自熱鬧的社交。我能從獨處中獲取源源不斷的能量，所有熱鬧的場合對我來說都是巨大的消耗。至於我在演講中看似外向的行為舉止，其實都是源自後天的訓練，而不是先天的性格。

當我有了這樣的自我認知之後，就徹底釋然了。我學會了自我調節：每次演講結束，或者與人長談之後，我都會給自己一些時間靜靜獨處，恢復心理能量。甚至有些時候，我學會了放過自己：那樣熱鬧的場合，我就不去了吧！

老子在《道德經》中說：知人者智，自知者明。希臘哲學家蘇格拉底說，要「認識你自己」。不偏不倚的自我認知如此重要，怎樣才能獲得這樣的認知呢？

美國心理學家喬瑟夫·魯夫特（Joseph Luft）和哈利·英格漢（Harry Ingram）通過多年研究，提出了著名的「周哈里窗」。該理論認為，每個人的自我，按照自己知不知道、別人知不知道，可以分為四個部分：

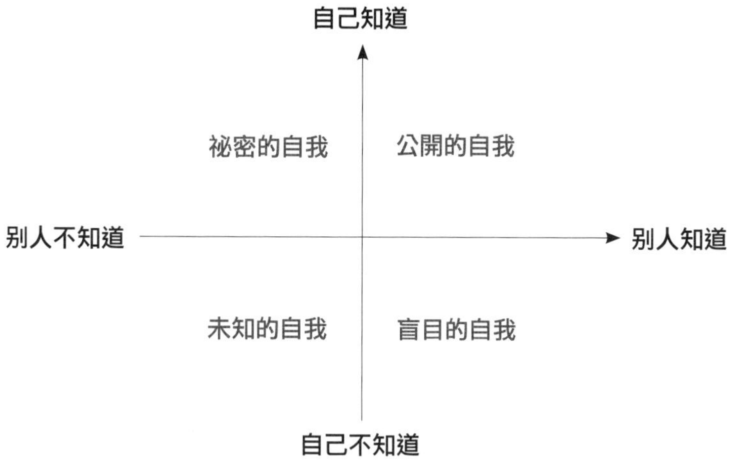

盲目的自我、祕密的自我、公開的自我和未知的自我。

第一，盲目的自我，即別人知道，自己卻不知道的「我」。

有人可能會覺得不可思議：不可能吧？有誰能比我更瞭解自己？還真有。我曾經在朋友圈做過一個小調查，請朋友們用三個關鍵詞來評價我。結果，反饋最多的三個關鍵詞分別是：戰略顧問、網路轉型和段子手*。我怎麼也沒想到，自

*段子手，指很會講雙關語或俏皮話的人，給人的回答或評論都是「神回覆」。

己在朋友心中居然是個段子手！由此可見，調查，尤其是匿名調查，可以幫助我們認知「盲目的自我」。

第二，祕密的自我，即別人不知道，只有自己知道的「我」。

很多人喜歡選擇性埋藏或否定這部分的自我。現在反過來，怎麼把它挖出來呢？拿一張紙，在十分鐘內寫下二十句「我有……不為人知的一面。」想到什麼就寫什麼，寫完後把它藏好。然後用三天時間來觀察對照自己的言行。三天後，從二十句中刪掉最不符合的十句，再補寫十句不重複的。再過三天後，挑出前面五句——這就是「祕密的自我」。

第三，公開的自我，即別人知道，自己也知道的「我」。

比如，「我長得比較瘦」、「他長得比較帥」、「××的邏輯思維能力特別棒」、「××的口才特別好」等。有時候，人們以為的「祕密的自我」，其實是「公開的自我」。

第四，未知的自我，即別人不知道，自己也不知道的「我」。

我們可以借助一些專業測驗工具瞭解這部分自我。要想知道自己的智商多少、性格如何，最好的辦法就是去專門機構檢測一下（比如

ＭＢＴＩ職業性格測試），而不是隨便從網上找測試題來做。

此外還有兩點需要注意：自我認知具有刻度性和動態性。

比如，假設問一百個人：你勤奮嗎？估計有九十個人會給出肯定回答。而「勤奮」其實是有刻度的，六點起床的人可能比八點起床的人勤奮；四點起床的人可能比六點起床的人勤奮。只有基於比較，才能得出自我認知。

再比如，有的人說自己不擅長演講，但是隨著練習的深入，他會講得愈來愈好。因此，類似這種自我認知就是動態變化的。

當我們遇到困難時，有人會說「做自己」；在一帆風順時，有人則說「做最好的自己」。「做自己」是現實自我，「做最好的自己」是理想自我。不要高估自己的能力，也不要低估自己的潛力。

掌握關鍵

自我認知

自我認知是一種極其重要的情感能力。在認知世界、認知他人之前，我們要清晰地、不偏不倚地認知物質自我、社會自我和精神自我。怎麼做？可以依據「周哈里窗」，用調查的方式，了解「盲目的自我」；用反省的方式，了解「祕密的自我」；用測評的方式，了解「未知的自我」。

延伸思考

職場or生活中，可聯想到的類似例子？

03

啟動亮點

真正的自由，是在所有時候都能控制自己。

自我控制——
自律才是最大的自由

我們在生活中往往會遇到這樣的情況：朋友約你晚上出去狂歡，但你還有幾個線上課程要學習；教練叮囑你一定要控制飲食，但今晚公司聚餐的重頭戲是燒烤、火鍋和小龍蝦；你打算艱苦奮鬥、創業三年，但突然有投資人拿出一千萬元現金說：「把公司賣給我，你去享樂吧！」

遇到這些情況該怎麼辦？

其實，這些問題都是在考驗同一種情感能力：面對誘惑時的「自控能力」。如果誘惑戰勝了自控，人們會說「及時行樂」；如果自控戰勝了誘惑，人們會說「延遲滿足」。

自我控制是情商中第三個核心能力，即抵禦外界的感性誘惑，堅定實現理性目標的能力。用一個公式表達：長期目標＋自我控制＞短期誘惑。

學習、減肥、創業成功，這些都是長期目標；狂歡、美食、即時利益，這些都是短期誘惑。對你而言，如果減肥的長期目標比美食的短期誘惑來得強烈，那麼恭喜你；但如果美食的短期誘惑（至少在此時此刻）比減肥的長期目標更強烈，你就需要自我控制的能力了。

自我控制是一種非常寶貴的能力，因為誘惑總是充滿動物野性，洶湧而來、勢不可當。大部分人會在巨大的誘惑面前屈服於衝動；而自我控制能力強的人，常常有更高的自尊、更強的人際交往能力、更好的情感回應和更少的缺點。

文藝復興時期的法國作家米歇爾．德．蒙田（Michel de Montaigne）曾說：真正的自由，是在所有時候都能控制自己。

那麼，怎樣才能提高自我控制能力？根據「長期目標＋自我控制＞短期誘惑」的公式，可以總結出三個辦法：第一，增強長期目標；第二，訓練自我控制；第三，減小短期誘惑。

第一，增強長期目標。

有些公司把特斯拉停在辦公區：誰能完成業績指標，就可以直接把車開回家。有些人把擁有魔鬼身材的美女的照片貼在冰箱上，每次想打開冰箱找東西吃，就提醒自己：四月不減肥，六月徒傷悲。有些創業者賦予創業成功巨大的意義和利益期待，比如「我必須成為雲南省的馬雲」。這些都是用誘惑戰勝誘惑的做法，有助於增加公式左邊的比重。

第二，訓練自我控制。

訓練自我控制最有效的方法是延遲滿足。

史丹佛大學有個著名的「棉花糖」實驗。孩子們獨自待在房間裡，每個人都面對一塊棉花糖。這些孩子被告知，如果十五分鐘內忍住不吃掉棉花糖，就會得到兩塊棉花糖作為獎勵。在這個實驗中，有三分之一的孩子沒有吃掉棉花糖。實驗室後來跟蹤研究了這些孩子的成長，結果發現，沒吃掉棉花糖的孩子適應性強、具有冒險精神、受人歡迎、自信、獨立，甚至連學習成績都比吃掉棉花糖的孩子高二十分。而那些吃掉棉花糖的孩子則孤僻、易固執、易受挫、有優柔寡斷的傾向、成績差，他們當中不少人受到毒品、酗酒、肥胖等問題困擾。

一塊棉花糖能影響人的一生嗎？其實不是。影響人一生的是延遲滿足的能力。

怎麼訓練延遲滿足能力？很簡單，比如，你喜歡吃奶油蛋糕，尤其是蛋糕上面的奶油，每次都會先吃奶油，那麼以後就改成先吃蛋糕。反過來也是一樣。

第三，減小短期誘惑。

美國船王老哈利在把事業傳給兒子小哈利時，帶他去了一次賭場。老哈利給了小哈利兩千美元，並對他說：「要留下五百美元。」小哈利答應了。然而，年輕的小哈利很快賭紅了眼，在反敗為勝的強烈欲望下把錢輸了個精光。小哈利不服氣，他打工賺了七百美元，再上賭桌，本打算留下一半，卻又輸光了所有。小哈利非常沮喪。老哈利對他說：「你以為走進賭場是為了贏誰？你要先贏你自己！控制住自己，你才是真正的贏家。」

終於有一次，小哈利在輸到一半的時候，堅定地站起來，離開了賭桌。他雖然輸了錢，但卻有了贏家的心態——不再輕易被誘惑，始終把輸贏控制在百分之十以內，超過這個範圍堅決離場。老哈利放心地把公司交給了小哈利，並告訴他——能在贏時退場的人，才是真正的贏家。

這就是透過訓練，減小誘惑對自己的吸引力。

如果實在做不到怎麼辦？那就遠離誘惑。有時候，把「棉花糖」拿走，而不是挑戰自己的自控能力，也是一種有效的方法。

掌握關鍵

自我控制

這是一種抵禦外界的感性誘惑，堅定實現理性目標的能力。真正的自由，是在所有時候都能夠控制自己。如何做到自我控制呢？一、強化長期目標；二、訓練自我控制；三、減少短期誘惑。

延伸思考

職場or生活中，可聯想到的類似例子？

04

啟動亮點

這個不適合我，那個我不想做，這個我做不來，最終結果是我們輸給了自己！

自我激勵——理想和堅持讓你變得優秀

有一段時間，格力電器總裁董明珠的一段話突然紅遍了社群網站上：要讓上級哄著你做事的，請回到你媽媽身邊去，長大了再來面對這個世界！這個世界的現實太殘忍，你想過得更好，意味著你要加倍努力奮鬥，而不是抱怨！這個不適合我，那個我不想做，這個我做不來，最終結果是我們輸給了自己！

這段話所要求的，其實是一種極其重要的情感能力：自我激勵。

什麼叫自我激勵？

自我激勵是指個體不需要外界獎勵或懲罰等手段，就能爲設定的目

標主動努力工作的一種心理特徵。通俗地說，就是「自帶雞血」*。

假如一名員工說「我不行」，老闆可能會鼓勵他「你行的，你再試一試」。但如果是老闆本人說「我不行」呢？誰來鼓勵他？沒有人。所以，老闆必須「掏出針管，自己注射兩升雞血」。**商業世界中，幾乎所有成功人士都擁有一項共同的情商特質：自我激勵**。

二〇〇九年，我參加了好朋友曲向東組織的各大商學院ＥＭＢＡ參加的「玄奘之路」戈壁挑戰賽。我本來以為，走路誰不會啊？不就是四天徒步一百二十公里嗎？沒想到才到第三天我就傻眼了。當時，我在戈壁裡已經走了兩天，膝蓋和腳踝都受了重傷，幾乎寸步難行，每挪動一步都會感受到鑽心刺骨的痛。可是，接下來還有兩天時間，路程也才走了一半。我突然有一種想哭的感覺。我找到隨行醫生，止痛膏早已用完，他拿出雲南白藥給我噴了噴，叫我不要繼續走了，改坐「收容車」。我不同意，對醫生說：「我一定要走完，請把整瓶雲南白藥都給我吧。」

我讓自己忘掉前面還有二十八公里路，只關注一件事：一定要邁出左腳。我努力讓小腿和大腿保持豎直，不摩擦膝蓋，借助手杖把左腳邁了出去。太棒了！接下來，最重要的事情變成一定要邁出右腳，然後再邁出左腳……狂風、暴雨，在荒蕪的戈壁中，沒什麼東西能遮風擋雨，我連遮擋的念頭都沒有，繼續往前走，任憑全身溼透，再自然風乾。後來，我們到了一片鹽鹼地，有一位體能師守在那裡，他簡單檢查了一下我的身體狀況，堅持讓我上車。我不同意，最後他只好陪我一起往前走。

還有一位同行者讓我非常欽佩。他的兩個膝蓋都受了重傷，只得撐著拐杖，一步一步地跳到了營地。別人滿腳是水泡，他滿手是水泡。最後一天，他又跳了八公里。離終點還有十六公里的時候，組織方宣布比賽結束，他對體能師說：「求你陪我繼續走完吧，每走一公里我給你一萬元。我給你十六萬元，求你陪著我，我一定要自己走完。」

沒有親身經歷過的人可能無法理解，為什麼會有這樣的瘋子，花錢到戈壁去摧殘自己？沒有親身經歷過的人可能無法體會，跨過終點的那一瞬間，你就像完全跨越了自己，有一種脫胎換骨的感覺，醍醐灌頂。

＊網路用語，源自八〇年代流行的一種偽科學療法，形容人亢奮的樣子，這邊指的是自我激勵之意。

當時我跪在地上，被沙石、雨水、恐懼、絕望洗禮過的我，兌現了一個連自己都不敢相信的承諾——我又有一種想哭的感覺。

後來，我一直在想：為什麼這群EMBA像瘋了一樣？當我看到「玄奘之路」大旗上的口號「理想、行動、堅持」時，恍然大悟：這次挑戰賽，就是一次自我激勵能力的集訓啊！

自我激勵的第一要素是理想。我非常喜歡一句話：激情是燃燒的理想。當你有了一個無比渴望的理想，輕輕點燃它，就會燃燒出熊熊的激情。

自我激勵的第二要素是堅持。很多人說：生活已經如此艱苦，何必再去自找苦吃？那是因為他們還不知道什麼叫艱苦。去走走戈壁、去轉轉青海湖、去爬爬吉力馬札羅山……經歷這些之後，在商業世界中再遇到什麼困難，你都能用堅持來激勵自己。

一個人的不懈行動靠理想拉動，靠堅持推動。理想和堅持是自我激勵真正的精髓。

掌握關鍵

自我激勵

自我激勵是幾乎所有成功人士都擁有的一項特質，指個體具有不需要外界獎勵或者懲罰等手段，就能夠為設定的目標自我努力工作的一種心理特徵。如何做到自我激勵呢？其實很簡單：用理想拉動，用堅持推動。

延伸思考

職場 or 生活中，可聯想到的類似例子？

05

人際關係處理——

如何從情感帳戶裡存提款

啟動亮點

為一些蠅頭小利打擾別人的工作和休息，這種「求讚」行為不但不是存款，反而是一種無節制的取款行為。

你有沒有遇到過這種情況：星期一早上正忙得不可開交，突然一個八百年都說不上一句話的朋友傳來LINE。打開一看，原來是「貼文集齊一百個讚就能免費換牙刷」。你立刻感到火冒三丈。

為什麼會有這麼大的火氣？是因為你不近人情、薄情寡義嗎？還是因為牙刷太便宜，換成電鍋你就按讚了？都不是。你之所以上火，是因為這位朋友的情商太低——他在你的「情感帳戶」裡已經沒有餘額，卻還想提款。

什麼是情感帳戶？

情感帳户是人際關係的一種比喻。這個帳户裡存的是信任、價值和情感。情商中所謂的「人際關係處理」，本質上就是從情感帳户裡存款和提款的行爲。

舉個例子。二〇一四年，財經作家吳曉波寫了一篇名為〈只有廖廠長例外〉的文章。二十五年前，吳曉波還在復旦大學讀書時，發起了一個到中國南部考察的計畫，但是作為窮學生，他能籌措到的經費實在太少。然而，這件事被素昧平生的湖南企業家廖廠長知道了，廖廠長決定無償資助吳曉波七千元。在當時，這是一筆數目不小的資金。吳曉波前去感謝，發現廖廠長其實也不是很富有，於是更加感激，他問廖廠長，自己有什麼可以回報的。廖廠長說：「不需要什麼回報。報告出來後，寄給我一份就好。」可以想像，廖廠長在這個叫吳曉波的窮小子的情感帳戶裡，存入了一筆巨款！

廖廠長的故事，讓我想起了一位美國老太太。兩百年前，這位老太太的祖先在瑞士銀行存了一百美元。兩百年後，老太太去瑞士銀行的美國分行取款，瑞士總行行長親自飛到美國，給老太太兌現了五十萬美元，並獎勵了她一百萬美元。行長說：「錢存在我們銀行，只要地球在，妳的錢就在。」

廖廠長和美國老太太的故事告訴我們：隨手存款，就有可能增值。回到開篇的案例。為一些蠅頭小利打擾別人的工作和休息，這種「求讚」行為不但不是存款，反而是一種無節制的提款行為。這時，如果你在別人的情感帳戶裡餘額不足，當然就會招致反感。

所以，我們必須把每一次人際交往都看成是向對方情感帳戶裡存款的一個機會。具體怎麼做？

第一，養成「隨手存款」的好習慣。

聽說了廖廠長的故事後，你千萬不要衝過去找到吳曉波，對他說：「吳老師，我這裡也有七千元……」情感帳戶的維繫是長期的。

我們可以向臉書的創始人祖克柏（Zuckerberg）學習，試著每天給員工寫一張感謝卡，讓他們知道公司感激他們；可以在每次交付專案後，感謝每一位提供過幫助的客戶和員工；可以在犯錯之後，勇敢地承認；可以在會議結束時，主動給全體與會人員發一份報告，省去大家總結的時間；可以在同事沮喪時，陪他在茶水間喝杯咖啡；可以在新員工焦慮時，給他一些建議，拍拍他的後背，為他加油；可以在滑社群網頁時，主動為別人按讚；可以在朋友遇到困難時，主動詢問是否需要幫助……

另外，我們幫助別人時，不能總想著「這下你欠我的了」，找機會要還回來」。最好的情感帳戶關係是我覺得「舉手之勞，不足掛齒」，你覺得「點滴之恩，湧泉相報」。最壞的情感帳戶關係則是我覺得「我的舉手之勞，你應該湧泉相報」，你覺得「你的點滴之恩，我應該不足掛齒」。

第二，警惕無意識的提款行為。

我們應該做到：不要群傳 LINE 求讚、不要群傳 LINE 給孩子拉票、不要群傳文章求轉發、不要私訊推銷產品、不要未經同意把朋友拉入群組……

有的人去外地旅行，抓住一個當地的朋友就說：「我要來××玩了，你幫我訂個飯店吧。」這樣做之前，不妨問問自己：我和這個朋友熟不熟？就算熟，真的要這樣揮霍自己的情感帳戶嗎？如今網路這麼發達，自己能解決的事情，就不要輕易麻煩別人。

第三，接受別人的幫助。

當然，我們也要允許別人往自己的情感帳戶裡存錢。只幫助別人，卻不允許別人幫助自己，一心想著「零存整取」，以後找別人幫個大忙，這樣的人也很難交到朋友。接受別人的幫助，有時甚至會加深彼此的感情。

對於別人的幫忙我們都要報以善意。比如，出國回來，給幫過自己的人帶份小禮物；朋友轉發了自己的文章，留言向他表達感謝；有人提出了很有價值的建議，發個吉祥數字的紅包，金額不用太大，表達心意即可。

掌握關鍵

人際關係處理

情感帳戶，是人際關係的一種比喻。這個帳戶裡，存的是信任、價值和情感。把每一次人際交往，都看成是往他人情感帳戶裡存款的一個機會。具體怎麼做？一、養成隨手存款的好習慣；二、警惕無意識的提款行為；三、接受別人的幫助。

延伸思考

職場 or 生活中，可聯想到的類似例子？

2
PART
技能

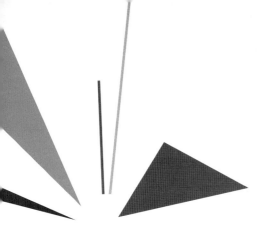

第3章

學習與思考

01 **倖存者偏誤**－看不見的彈痕最致命

02 **經驗學習圈**－打開學習的正確姿勢

03 **私人董事會**－怎樣做自己的CEO

04 **快速學習**－用二十小時從「不會」到「學會」

05 **六頂思考帽**－從對抗性思考到平行思考

06 **批判性思維**－大膽質疑，謹慎斷言

07 **全局之眼**－站在未來看今天

08 **逆向思維**－相機底片如何防曝光

09 **正向思維**－從已知預測未知

啟動亮點

有時候，我們要研究的問題，不是倖存者是怎麼活下來的，而是那些不幸的人是如何死去的。

01

倖存者偏誤——看不見的彈痕最致命

如何用正確的方式向成功者學習，才能學到他成功的精髓呢？聽他的演講、看他的傳記嗎？

對於成功者自己來說，如何才能從過去的經驗中找出成功的真正原因，從而使自己獲得第二次、第三次成功，而不是曇花一現呢？

無論是複製別人的成功，還是延續自己的成功，都必須理解成功的眞正原因是什麼。而成功者在總結經驗的時候，最容易犯的一個大錯誤就是——倖存者偏誤。

二戰期間，美國統計學家亞伯拉罕・沃德（Abraham Wald）教授奉命研究一個問題：如何降低戰機被擊落的概率。他經過研究發現，飛機翅膀是最容易被擊中的部分，而飛行員座艙和飛機尾部則是最少被擊中的。但是基於當時的航空技術，機器的裝甲只能局部加強，以免過重。那麼，到底應該增強機翼，還是增強座艙和飛機尾部呢？作戰指揮官認為，既然機翼最容易中彈，當然應該增強機翼了。但沃德教授卻建議增強座艙和尾部發動機的位置。

沃德教授認為，作戰指揮官的判斷就是犯了嚴重的邏輯歸因錯誤：倖存者偏誤（survivorship bias）。從統計學的觀點來看，機翼被多次擊中的轟炸機依然能夠安全返航，而機尾部分很少中彈，並不是因為這個部分不會中彈，而是一旦機尾中彈，轟炸機可能根本就無法返航了。

後來，事實證明沃德教授的建議是正確的。軍方動用敵後工作人員收集墜毀飛機的殘骸，發現中彈部位主要集中在座艙和尾部發動機的位置。所以，看不見的彈痕最致命。

有時候，我們要研究的問題，不是倖存者是怎麼活下來的，而是那些不幸的人是如何死去的。假如採訪倖存者，他們的回答可能會帶有一種偏見，因為他們從沒見過那個看不見的彈痕。遺憾的是，親歷死亡的人無法開口。

倖存者偏誤是一種常見的邏輯謬誤。我們只能看到經過某種篩選產生的結果，並沒有意識到篩選的過程可能忽略了一些非常關鍵的訊息。

那麼，在學習過程中，應該如何避免倖存者偏誤呢？

第一，要向失敗者學習。

馬雲曾經說：「我創業以來最大的心得，就是永遠去思考別人是怎麼失敗的。」財經作家吳曉波寫過一本書《大敗局》，告訴大家如何從別人的失敗中獲得經驗。向失敗者學習的本質就是意識到沉默數據的存在，「讓死人開口告訴你發生了什麼」。

第二，要向反對者學習。

一家公司做了一個產品，想收集一些用戶意見。很多熱心用戶提出了各種意見，比如追加某項功能等。但實際上，這些用戶都是使用產品的倖存者，他們本來就覺得產品不錯，願意使用，只是希望更好，才會提意見。可是那些真正覺得產品很差的人，往往用了一次之後就把產品扔掉或刪除了。而後者的意見可能更重要，但是「死人無法開口」，公司也許永遠都聽不到他們的意見。如果能夠主動找到他們，問問他們棄用的原因，就能獲得不一樣的視角，收獲更大的價值。

第三，培養識別倖存者偏誤的能力。

有個江湖郎中號稱有「包生男孩」的家傳祕方，售價兩千元，生下男孩再付錢，不靈不要錢。很多人都去找他。生下男孩的人家，高高興興地交錢；如果生了女孩，不付錢，這些人家也不再去找他了。其實按照概率，有一半的人能生男孩。所以，這個江湖郎中平安無事地行騙多年，不僅賺了錢，還贏得了一屋子「神醫」的錦旗。那些人之所以給他送錦旗，都是因為倖存者偏誤。

所有的成功者其實都是倖存者。我們祝福成功者，同時要向失敗者學習，拋棄對個案的迷信，全面系統地瞭解成功的真正原因。成功一次，很多人是靠運氣；成功兩次，要想排除運氣的成分，就要靠基於嚴密邏輯思維的戰略思考；而能夠成功三次、四次的企業家，通常是對整個商業世界的運行規律有著深刻理解的哲學家了。

掌握關鍵

倖存者偏誤

所有的成功者其實都是倖存者。倖存者偏差是一種常見的邏輯謬誤，我們只能看到經過某種篩選產生的結果，並沒有意識到篩選的過程可能忽略了一些非常關鍵的資訊。避免倖存者偏差，要做到：第一，向失敗者學習；第二，向反對者學習；第三，培養識別倖存者偏差的能力。

延伸思考

職場 or 生活中，可聯想到的類似例子？

02

啟動亮點

一個人的頓悟，可能只是別人的基本功。

經驗學習圈——打開學習的正確姿勢

小時候，我們都用過一項非常重要的生存本能——哭。小孩子只要一哭，媽媽就會拿來吃的、玩的。於是，我們腦海中獲得了一項重要的知識：哭，可以獲得資源。

人都會長大。有一次，客戶不滿意你的方案，準備把訂單交給你的競爭對手，怎麼辦？你決定故技重施，在辦公室裡嚎啕大哭。結果，競爭對手拿到了訂單，而你被請出了辦公室。

有的人可能覺得這是一個笑話：怎麼會有成年人這麼做，他不傻嗎？是的，他確實很傻，但究竟傻在哪裡呢？哭，可以獲得資源——這

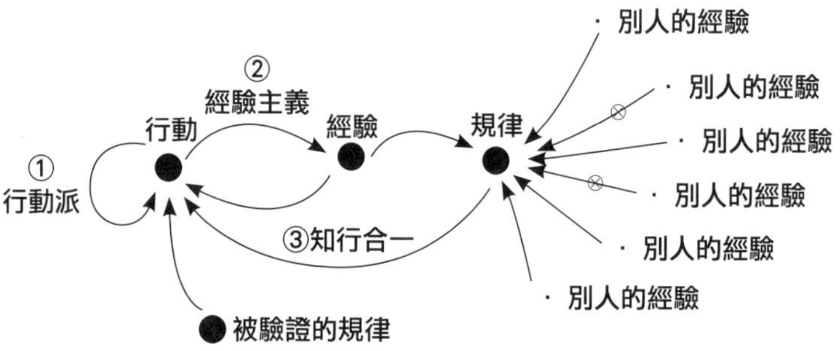

是經驗，不是規律。他傻就傻在沒有意識到套用這個經驗有一個重要的前提：對方必須是媽媽（換作爸爸都不一定奏效）。

體驗式學習大師大衛·庫伯（David Kolb）說，不能用經驗指導行動。那應該怎麼做呢？從行動歸納出經驗，把經驗昇華為規律，再用規律指導行動。這就是著名的「經驗學習圈」。

庫伯認為，一個完整的學習是包含「行動—經驗—規律—行動」的四步大循環，缺一步就是「假學習」。

第一種假學習，是缺了「規律」，形成「行動—經驗—行動」的經驗主義小循環。

比如，老闆前幾天狠狠批評了員工，員工變得努力多了，但沒過幾天又懈怠了，於是老闆又批評了一頓……「批評」變成了老闆的「經驗」。如果老闆不思考中間的「規律」，反而把這個經驗奉為真理，到處宣揚「好人做不了老闆」。會有什麼後果？

第二種假學習，是不但缺了「規律」，還缺了「經驗」，形成「行動—行動」的小循環。這樣的人常常自詡「行動派」，他們常說：「別聽理論家胡說，他們要是真有本事，早就自己埋頭賺錢了。」、「什麼理論？行動就是理論。」、「多思無益，幹起來，創業路上的坑，一個都少不了。」

可是，行動真的不需要理論支撐嗎？那商家為什麼會選擇把店鋪開在鬧區，而不是無人區？為什麼大家都想買漂亮的服裝，而不是醜衣服？有人可能會說：這是常識啊！所謂常識，就是人們認為必然正確的規律。很多人用行動掩蓋懶惰，只不過是不想積累新經驗、不想學習新規律而已。從行動到經驗，從經驗到規律，再從規律到行動，一個不落，才是正確的學習方式。

具體怎麼做？

第一，從行動歸納出經驗。

經驗分兩種，第一種是自己的直接經驗，第二種是別人的間接經驗。直接經驗給人的感受最深。比如，被信賴的夥伴坑過一次，你會痛徹地獲得「誰也不能相信」的經驗；咬緊牙關苦苦支撐三年，終於渡過難關，你會刻骨銘心地獲得「今天很艱難，明天更艱難，但是後天很美好」的經驗。不過，生命有限，我們不可能親身經歷每一件事。所以，和有經驗的人溝通、學習，建立圈子，成立學習小組，會讓一個人產生「活過幾種不同人生」的感覺。

第二，從經驗昇華出規律。

庫伯說，知識的獲取源於對經驗的昇華和理論化。可是，從「經驗的昇華和理論化」到「規律」之間，有一道巨大的鴻溝，跨越這道鴻溝的方法是反思和驗證。

比如，「今天很艱難，明天更艱難，但是後天很美好」，這是經驗還是規律？反思一下，有沒有一些企業，第一天就成功了呢？有沒有一些企業，今天很難，明天更難，後天倒閉了呢？經過深刻反思，也許你會得出一個更加接近規律的結論：在處於上升期的行業中及早布局的企業，成功概率會隨著時間的推移逐漸增大。

反思之外，就是驗證。行業數據支持這個結論嗎？這是大概率事件，還是偶然事件？我身邊的人有親身經歷嗎？驗證後，也許你會進一步修正結論：在處於上升期的行業中，踩準時間點（而不是及早）布局的企業，成功概率會隨著時間的推移逐漸增大。布局太早，凍死；布局太晚，餓死。

除了利用反思和驗證，自己把「經驗的昇華和理論化」變為規律之外，還要懂得學習前人已經昇華好、理論化好了的「被驗證的規律」。這就是我常說「前人的思考，我們的階梯」的原因。一個人的頓悟，可能只是別人的基本功。

第三，用規律指導行動。

沒有作用於行動的規律是沒有價值的。企業家不能僅僅沉迷於規律之美，千萬不要忘了：行動！行動！行動！

掌握關鍵

經驗學習圈

從行動歸納出經驗，經驗昇華出規律，再用規律指導行動，這樣的循環才是完整的經驗學習圈。這四大循環步驟，一步都不能少，否則就會犯經驗主義或者行動派的錯誤。

延伸思考

職場 or 生活中，可聯想到的類似例子？

03

啟動亮點

「私人董事會」學習小組不但能具體操作規則、解決實際問題，還能引導眾人深度思考，訓練提問和表達的能力。

私人董事會——

怎樣做自己的CEO

如果我問訂閱了《5分鐘商學院》課程的學生們一個問題：這個課程對個人的學習成長有多大貢獻度？百分之十？百分之二十？還是百分之七十？

有的人可能會覺得，我希望用戶都回答超過百分之七十。其實錯了。我確實希望這個課程對用戶來說很有價值，為了達到這個目標，我每天都在跟自己死磕*。但我還是希望這個很有價值的課程，對用戶學習成長

*指和某人或某事做對到底，不達目的不罷休的意思。

的貢獻度不超過百分之十。

為什麼？

「班尼斯定理」認為，個人百分之七十的成長來自「工作中學習」，百分之二十來自「向他人學習」，百分之十來自「正式的培訓」。如果有人說《5分鐘商學院》是自己學習成長的全部，一方面我非常感激，另一方面也忍不住提出質疑：是不是在工作中學習得實在太少，向他人學習得也不夠呢？

如何在工作中學習？走出舒適圈，主動承擔更有挑戰性的工作，把學到的知識運用其中。又如何向他人學習？我要介紹一種非常受企業家、CEO們歡迎的方法——私人董事會。

一個標準的私人董事會一般由十六～十八名董事組成。私人董事會有幾個規則：第一，為了能放心學習，他們必須來自非競爭行業，並簽署保密協議；第二，為了能互相學習，他們的經營規模和發展階段必須比較接近；第三，為了能學以致用，他們必須是最高領導人，比如董事長或CEO。從這三大規則就能看出，私人董事會專門為彼此學習做了設定。

從二〇一六年三月開始，我在國內知名的私人董事會機構之一——領教工坊擔任領教，帶領（或者說陪伴）一個企業家私人董事會小組。這一年，我深深感受到，私人董事會最大的魅力來自其「八大步驟」。在這八大步驟之下，有人面紅耳赤、有人眼眶發紅、有人不屈不撓、有人恍然大悟。

對普通人來說，即使不是董事長或CEO，也有必要瞭解這八大步驟，學會如何有效地向別人學習。這八大步驟分別是：提案、表決、闡述、提問、澄清、分享和建議、總結、反饋。

第一步，提案。

每個企業家都要提交一個議題。這個議題不能是「如何應對網路時代」這樣空泛的課題，而必須是「我的業務團隊能力差，三個季度未完成指標，怎麼辦？」這樣的真實問題。只有討論真實問題，才能做出真實改變。

第二步，表決。

由全體董事投票表決：我們今天到底幫誰解決問題。最終投票選出來的問題，一定是大家都覺得有價值，也最可能讓自己獲益的問題。

第三步，闡述。

被選中的「問題擁有者」，向董事們詳細闡述自己的問題。為了有效表達，建議格式為：「我有……的問題，這個問題很重要，因為……到目前為止，為了解決這個問題，我已經做了……我希望小組能幫到我的是……」。

第四步，提問。

董事們可以向「問題擁有者」提問。這時你會發現，這些董事長或CEO不喜歡提問，他們喜歡一上來就給建議：「這個問題我遇到過，應該……」但是，董事們必須阻止自己，不要著急給建議。要先從問出直達本質的好問題，理解對方開始。比如，「你的潛在銷售機會是實際銷售額的幾倍？」、「你能成功地把產品賣出去，三個關鍵點是什麼？」問對了問題，答案基本就找到了。

第五步，澄清。

一輪提問下來，「問題擁有者」可能會發現，自己關注的問題的焦點不對。他可以澄清問題，比如，把問題表述為：如何把成功銷售的經驗變成關鍵步驟，減輕業績對人的依賴？

第六步，分享和建議。

這時，董事們終於可以分享經驗、提建議了。但要嚴格控制發言時間，否則常常會出現以「我今天就說兩點」開場，結果一直說到散會的情況。一般來說，每人發言三分鐘，以練習精準表達。

第七步，總結。

經過前面的步驟，有的「問題擁有者」已經背脊發涼，大汗淋漓，甚至痛哭流涕了。在有效流程下，直指本質的對話最能觸動人心。然後，請「問題擁有者」總結改進問題的步驟和時間。最後，所有董事分享今天的內容對自己的啟發。

第八步，反饋。

私人董事會還沒有結束，「問題擁有者」還有一項工作，就是在下次的私人董事會上，向所有董事匯報他的實施進展，並徵求下一步的建議。只有把結論轉化成行動，才不辜負花費的時間。

看似簡單的八大步驟，卻可以幫助「問題擁有者」解決實際問題，還能對其他董事產生關聯啟發，幫助所有人進行深度思考，訓練直指本質的提問能力、精準簡練的表達能力。在私人董事會裡，向他人學習還能收獲深厚的友誼。

掌握關鍵

私人董事會

這是一套建立學習小組，向他人學習的方法，有三大規則和八大步驟。三大規則分別是：不競爭、同規模和第一人。八大步驟分別是：提案、表決、闡述、提問、澄清、分享和建議、總結、反饋。

延伸思考

職場 or 生活中，可聯想到的類似例子？

啟動亮點

只要方法得當，快速學習一項完全陌生的知識，只要二十小時就可以了。

04

快速學習——

用二十小時從「不會」到「學會」

我把《5分鐘商學院》的課程分成一年四季，每季十三週，每週五課，一共兩百六十期。我堅持回覆留言區的精選留言，鼓勵學生做筆記，把所學講給別人聽。為什麼呢？因為我希望大家能快速學習。

作為一名商業顧問，我每天要面對各行各業的客戶。有些客戶可能用了二十年，去精通他所在行業百分之九十九的商業細節；而商業顧問必須用二十小時，學會該行業百分之八十的核心邏輯。只有這樣，商業顧問才有資格說「我認為……」。所以，快速學習能力是一名優秀商業顧問的「六脈神劍」，甚至是商業機密。在這裡，我要公開這個機密：

快速學習四步法。

第一步，大量泛讀。

學習新知識時，有人喜歡買一本所謂「最好的書」，然後從第一個字精讀到最後一個字。可是，如果我們在沒有整體歷史觀的情況下，就從秦朝學到清朝，就好比沒有作戰地圖就開始打巷戰。

應該怎麼做？

比如，要學習「區塊鏈」的相關知識，可以先登入網路書店，搜尋「區塊鏈」及相關關鍵字，找到評分最高的三本書；接著，通過「喜歡××書的人也喜歡」這個區塊，再選五本書；最後，加選兩本可能不太暢銷，但系統性明顯更強的書，如《區塊鏈原理》等。

接著，把這十本書都買回來，開始泛讀。泛讀時要注意幾點。

一、五分鐘看自序，五分鐘看目錄。很多人不看自序和目錄，這又是一個壞習慣，因為作者會在自序中梳理框架邏輯，在目錄中提煉核心觀點。

二、十五分鐘泛讀。要點是：略過故事、案例和證明，標注概念、模型、公式和核心觀點。

三、最後用五分鐘做簡單回顧，記錄下自己的困惑、問題和想法。

可以專門選擇一個時間長一點的下午，或者再加上晚上的時間，高強度地把這十本書讀完。建議讀電子版，這樣可以大大提高標注、回顧、記錄的效率。

第二步，建立模型。

好好睡一覺，讓知識在大腦中自由地碰撞、連接、融合。第二天早上，用頭腦最清醒的三小時來建立模型。

具體怎麼做？

找一面巨大的白板牆，先把標注的概念、模型和公式寫在便利貼上，貼到白板上，再用白板筆和板擦建立、修正它們之間的關聯，逐漸形成系統模型。

第三步，求教專家。

如果還有不清楚的問題，就要求教真正的專家。比如，我在研究虛擬實境的時候，登門拜訪一家專門投資虛擬實境的基金公司。他們在一年之內看了兩百多個虛擬實境的創業專案。我向基金創始人求教了兩個小時，很多問題豁然開朗。

為什麼要先建立模型，而不是先求教專家呢？因為沒有基本的全局觀，就問不出好問題。另外，有些專家有著犀利的洞察，但未必有全局觀。如果讓他自由發揮，你很可能會不知所云。

如果不知道去哪裡找業內專家，可以上類似「在行」*之類的平臺，花些費用，帶著問題虛心求教，然後修正自己的模型。

第四步，理解複述。

假如花了五小時泛讀、三小時建模、兩小時求教，剩下的十小時就可以花在「複述」上了。

關於學習，有個著名的「費曼技巧」（Feynman technique），就是用自己的語言，把自己的模型講給別人聽。這麼做之後，你很可能會發現自己講著講著就講不明白了。或者，你覺得自己講明白了，但別人聽

*知識技能分享平臺，針對使用者的個人需求，提供定制化方案以及合適的專家服務。

不懂。這些地方，就是你理解的薄弱點。

記下這些薄弱點，回到泛讀資料裡重新理解，或者上網找答案，再請教專家。重新理解後，再複述，如此重複。最終，你就會用二十個小時快速學習一項完全陌生的知識。我們常聽說「一萬小時定律」，這是幫助人們從「學會」到「精通」的刻意練習方法。而從「不會」到「學會」，也許二十小時就可以了。

回到開篇的例子，我們現在來看一看《5分鐘商學院》的課程設計。

我花了十五個工作日，整整三週的時間，梳理自己畢生所學，查閱大量資料，這是代替學生的「大量泛讀」。接著，我把課程規劃成一年四季，每季十三週，每週五課，一共兩百六十期，課程內容濃縮在一張課表裡，這是在幫助學生「建立模型」，形成全局觀。我每天回覆留言區的精選留言，這是在幫助學生「求教專家」，解答困惑。鼓勵學生記筆記，把所學講給別人聽，這是「理解複述」，檢查理解的薄弱點。我期待學生從《5分鐘商學院》畢業的時候，不但能真正理解商業，也能學會如何快速學習。

掌握關鍵

快速學習

快速學習四步法包括：第一步，大量泛讀。泛讀時可以五分鐘看自序，五分鐘看目錄；十五分鐘泛讀；最後用五分鐘簡單回顧。第二步，建立模型。先把標注的概念、模型和公式寫在便利貼，貼到白板上，再用白板筆和板擦建立、修正它們之間的關聯，逐漸形成系統模型。第三步，求教專家。第四步，理解複述；用你的語言，把你的模型講給別人聽。

延伸思考

職場or生活中，可聯想到的類似例子？

啟動亮點

開會時，訓練讓所有人同時只戴一頂帽子，充分思考後換另一頂，就能從爭論走向集思廣益。

05

六頂思考帽——

從對抗性思考到平行思考

假設《民法》把婚姻改為五年合約制，你是贊同還是反對？我相信，這個問題一出，很多人立刻就炸開了鍋：贊成的人歡欣雀躍，大呼「早就該這樣了」；更多的人會跳出來，表示「這哪能贊同？必須反對！」正反雙方輪番舉證，誓死捍衛自己的觀點。

為什麼會這樣？因為人們思考問題的基本方法是先有一個結論，然後再為這個結論辯護。「直覺」先宣布行不行，「理性」再來證明自己的觀點，或者批駁對方的漏洞。

思考方法是極其重要的基本技能。如果思考能力不夠，其他任何能力都要打折。接下來，我將介紹五種非常重要的思考方法，幫助大家訓練大腦。首先從「六頂思考帽」開始。

什麼是六頂思考帽？

英國創新思維、概念思維領域的專家愛德華·德·波諾（Edward de Bono）說，每個人都有六頂不同顏色、代表不同思維方式的「帽子」，分別是：

- 代表「訊息」的白帽，充分搜集數據、訊息和所有需要瞭解的情況；
- 代表「價值」的黃帽，集中發現價值、好處和利益；
- 代表「感覺」的紅帽，讓團隊成員釋放情緒和互相瞭解感受；
- 代表「創造」的綠帽，專注於想點子，尋找解決辦法；
- 代表「困難」的黑帽，只專注於缺陷，找到問題所在；
- 代表「管理思維過程」的藍帽，安排思考順序，分配思考時間。

如果一個人戴著黑色的「困難」帽，他就會覺得合約制婚姻充滿挑戰：孩子怎麼辦？夫妻間哪還有信任可言？如果戴著黃色的「價值」帽，他反而會覺得應該立刻推行合約制婚姻：讓大量將就的婚姻從此解散吧。如果戴著紅色的「感覺」帽，他可能會想：我不喜歡這個主意，說不清為什麼，就是不喜歡。

這六種完全不同的思維方式，在一個人的大腦中彼此對抗，在一群人的討論中針鋒相對，結果浪費了大量時間，卻沒有結論。

愛德華說，我們應該訓練一種思考能力——所有人在同一時刻只戴一頂思考帽，充分思考後，再換另一頂帽子。這種從爭論式的「對抗性思維」，走向集思廣益式的「平行思維」的方法，就叫做「六頂思考帽」。

應該怎麼做呢？

比如，關於合約制婚姻的問題，可以試試「藍白黃黑綠紅藍」的思考方法。藍帽主持討論流程，先讓所有人戴上白帽，搜集全球和合約制婚姻相關的訊息；再戴上黃帽，專注地想想這麼做可能帶來的所有好處，哪怕很小；再戴上黑帽，列舉這麼做會帶來的所有問題，以及實施過程中的一切困難；再戴上綠帽，窮盡解決問題、克服困難的方法；再戴上紅帽，基於訊息、價值、困難、創造之上表達情緒，說一說你在感覺上是否贊同合約制婚姻；最後，藍帽總結討論結果。

這樣一來，本來三天三夜也不會有結果的討論，很可能三十分鐘就討論完了。就算最後沒有結論，這個「沒有結論」也會來得更快一些。

「藍白黃黑綠紅藍」的思考方法可以用在很多地方。當然，除了這個組合，六頂思考帽還有很多種戴法。簡單問題，可以戴「藍白綠」；改進流程，可以戴「黑綠」；尋找機會，可以戴「白黃」；保持謹慎，可以戴「白黑」；做出選擇，可以戴「黃黑紅」等。六頂思考帽的組合非常多，以下有幾個基本建議。

第一，白帽先行。通常，我們應該從獲取訊息開始，這會為其他的思考帽奠定可討論的堅實基礎。

第二，黃在黑前。先思考價值，再思考困難，有助於我們產生正向的動機，獲得正能量。

第三，黑後有綠。黑帽讓我們看到問題、困難、風險，而黑後有綠，鼓勵思考者探索是否有解決方案。

其實，六頂思考帽的邏輯和彩色印表機很相似。彩色印表機有青、紅、黃、黑四種顏色，它把每種顏色分四次列印在同一張紙上，最終形成了彩色圖片。所以，我們還可以把六頂思考帽稱為「彩色思考」。

因為使用六頂思考帽，摩根大通將會議時間減少了百分之八十；英國Channel 4（第四頻道）電視臺在兩天內創造出的新點子，比過去六個月裡想出的還要多；全錄公司只用不到一天的時間，就完成了過去需要一週才能完成的工作。

掌握關鍵

六頂思考帽

每個人都有六頂不同顏色、代表不同思維方式的「帽子」。同一時刻只戴一頂思考帽，從爭論式的「對抗性思維」，走向集思廣益式的「平行思維」，從而克服人腦容易情緒化、不知所措和混亂的缺陷。六頂思考帽的戴法順序無窮無盡，有幾個基本建議：白帽先行、黃在黑前、黑後有綠。

延伸思考

職場 or 生活中，可聯想到的類似例子？

06

批判性思維——

大膽質疑，謹慎斷言

啟動亮點

對於謠言，年輕人並不比老年人更有免疫力。只是老年人更相信健康的謠言，年輕人更相信財富的謠言。

社會上有一群專門以老年人為目標的騙子，但他們行騙的手段算不上高明。比如，一則〈三十六年高血壓痛不欲生，吃了這種藥，三個月徹底痊癒〉的廣告，不論兒女怎麼阻止，老人們都深信不疑。

但是，年輕人真的不會上當嗎？如果騙子們給廣告換個題目——〈驚天祕密！四年內從虧損十億到營收一千四百一十億，只靠這七招〉，很多商業人士會和自己的父母一樣，迫不及待地點開文章。

對於謠言，年輕人並不比老年人更有免疫力。不管是年輕人還是老年人，輕信謠言的人都缺乏一種非常重要的能力——批判性思維。

什麼是批判性思維？

舉個例子。假如有人說：「中西方文化不同，所以管理方式也不一樣。美國使用末位淘汰制，日本使用終身僱傭制，都很成功。」聽上去似乎很有道理，但真的是這樣嗎？日本確實是終身僱傭制嗎？從什麼時候開始的？有怎樣的時代背景？會不會有什麼別的原因導致了終身僱傭制，而不是中西文化差異呢？

如果仔細研究一下，就會發現終身僱傭制是日本戰後的基本用人制度，當時的時代大背景是整個日本勞動力嚴重不足。雖然不能完全排除中西文化差異的影響，但更重要的是，終身僱傭制是在「勞動力供需關係嚴重失衡」的情況下，為了防止工人跳槽而出現的一種經濟學現象。到了二〇〇一年左右，這種制度在日本開始衰落。

這就是批判性思維。一九九八年，聯合國教科文組織把「培養批判性和獨立態度」視為高等教育、培訓和從事研究的使命之一。美國教育委員會表示：大學本科教育最重要的目的，是培養學生的批判性思維能力，也就是「熟練地和公正地評價證據的質量，檢測錯誤、虛假、篡改、偽裝和偏見的能力」。

具體如何培養批判性思維？在這裡，我跟大家分享四個方法。

第一，發現和質疑基礎假設。

「我家八代祖傳最正宗的川菜，如果我到美國開餐廳的話，肯定有機會擊敗那些不道地的川菜館。」這句話有問題嗎？批判性思維者會立刻發現，這句話有個隱藏的基礎假設：人們喜歡正宗的東西。

啊？難道有人會喜歡不正宗的東西嗎？

我是南京人，從小愛吃鴨血粉絲湯。但南京正宗的鴨血粉絲湯到了外地，總是被那些不正宗的打敗，我一直百思不得其解。有一次，一位餐飲業投資人告訴我：「有些你所謂的不正宗，其實是根據當地人的飲食習慣做的訂制和優化。而你認為的正宗，有可能只是小時候的飲食習慣而已，與好不好吃無關。」發現和質疑基礎假設，是批判性思維的基礎。

第二，檢查事實的準確性和邏輯一致性。

有三個人第一次到蘇格蘭，透過火車窗戶，他們看到一隻黑色的羊。第一個人驚呼：「看，蘇格蘭的羊都是黑的！」——看到一隻黑色的羊，無法推導出「蘇格蘭的羊都是黑的」這個結論，這個邏輯有問題。第二個人說：「不對，只能說蘇格蘭的羊至少有一隻是黑的。」——這個論證的過程符合邏輯了，但是，「看到一隻黑色的羊」，這個論據本身準確嗎？未必，因為他們實際上只看到了羊的一邊。第三個人說：「不對，只能說蘇格蘭至少有一隻羊的一邊是黑的。」——這才是符合事實的準確性和邏輯一致性的結論。

第三，關注特殊背景和具體情況。

二〇一五年，我去非洲參觀了馬賽人的部落。馬賽是一個一夫多妻制的族群，男人可以娶上百個老婆。如果父親死了，除了親媽之外，長子甚至可以繼承父親所有的老婆。

這種制度有沒有特殊背景和具體情況呢？我研究後發現，馬賽男人有個特殊的「成人禮」儀式：獨自殺死一頭獅子。可以想像，大部分馬賽男人都會被獅子吃掉。僥倖活下來的則可以用三頭牛換一個老婆，無限開枝散葉。

第四，尋找其他可能性。

某電視節目訪問一個孩子：「如果飛機要墜毀了，只有一個降落傘，怎麼辦？」孩子回答：「我揹著降落傘跳下去。」所有觀眾哄堂大笑，笑這個孩子是個童言無忌的「怕死鬼」。孩子急得快哭出來了，他說：「我是去找人來救大家。」

我們所認為的就一定是對的嗎？沒有其他可能性嗎？如果有，可能性有多大？這些都是需要考慮的。

掌握關鍵

批判性思維

批判性思維，指的是熟練和公正地評價證據的質量，檢測錯誤、虛假、竄改、偽裝和偏見的能力。它能幫我們盡可能地獲得最準確的認知，接近真相。具體怎麼做？第一，發現和質疑基礎假設；第二，檢查事實的準確性和邏輯一致性；第三，關注特殊背景和具體情況；第四，尋找其他可能性。

延伸思考

職場 or 生活中，可聯想到的類似例子？

07

啟動亮點

愈是高速變化的世界，經驗失效、萬物歸本，愈是要訓練系統性思維，擁有全局之眼。

全局之眼——站在未來看今天

有一個故事，說的是有人拜訪孔子的學生子貢，問他一年有幾季。子貢回答：「有春、夏、秋、冬四季。」那人說：「不對，只有春、夏、秋三季。」兩人爭論不下，去問孔子。孔子觀察一番後，說：「是的，一年只有三季。」那人滿意地走了。子貢不解，孔子說：「那人一身綠衣，分明是田間蚱蜢，蚱蜢春生秋亡，一生只有春、夏、秋三季，哪裡見過冬天？在他的思維裡，完全沒有冬天的概念，你和他爭論三天三夜也不會有結果的。」

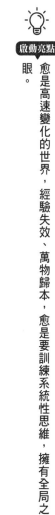

這個故事裡的田間蚱蜢，後來被稱為「三季人」，用來指沒有「全局之眼」的人。全局之眼，是一個人極其重要的思考能力。

世界上所有的東西都被規律作用著，以一種叫做「系統」的方式存在。要素，是系統中看得見的東西；關係，是系統中看不見的、要素之間相互作用的規律。看到要素，還要看到要素之間的關係，更要看到這些關係背後的規律，這就是「全局之眼」。

舉個例子。很多企業家都知道旺鋪*很重要，為什麼重要呢？因為更好的地段可以帶來更多的人流。所以，人流才是「旺」和「鋪」這兩個要素之間的關係，是這種關係背後的規律。理解了這一點，就可以把這個規律推演到整個系統中，哪裡人流多，哪裡就生意旺。這麼一來，早期的電商，後來的行動電商、微商，再後來的社群經濟，現在的網紅，以及未來的網路直播、虛擬實境等，我們一下子都能理解了。理解了關

*原意指生意很好的店，在網路時代則用來形容銷售熱絡的網店。

係和關係背後的規律，不但能在複雜的系統中理解現在，甚至在一定程度上可以預測未來。所有的戰略，都是站在未來看今天。

有個朋友開車送我去佛山，他說：「戰略就像選車道，選錯了道，就算開著寶馬，也只能眼睜睜地被吉利*超過。」我回答：「所以我們要有全局之眼，升到半空，看清楚前面路況，再回到車裡選對車道。這樣，就算一時被大車擋住，也會知道前路是什麼樣的，不焦慮。」戰略就像選車道，比開什麼車、誰來開更重要，而選擇正確車道的前提，是要有凌空俯視的全局之眼。

如何才能擁有全局之眼？

我本科讀的是南京大學數學系，在四年近乎殘酷的學習中，對我此生影響最深的是一門叫「系統理論」的課程，讓我受益終生。我建議每一位企業家都應該去學習系統理論，學習用關聯的、整體的、動態的方法，培養全局性看問題的能力。

第一，關聯之眼。

事物不是孤立存在的，它們之間有相互作用。這種相互作用，就叫做「關聯性」。

擁有全局之眼，首先要練習用關聯之眼看清事物。比如，「旺」和「鋪」之間是什麼關係？平臺和產品之間是什麼關係？引爆點和網路效應之間是什麼關係？企業文化和人性之間是什麼關係？個體理性與群體感性之間是什麼關係等等。

第二，整體之眼。

要素，加上若干要素之間的關聯，就構成了系統，並形成「輸入、黑盒、輸出」三個物體。這個黑盒內部，以人們理解或者不理解的方式精密運作著。

想要擁有全局之眼，還要練習用整體之眼看透黑盒。比如，貨幣政策會如何刺激本國經濟？人員結構扁平化會如何刺激員工的積極性？引入風險投資會如何刺激公司的創新意識？價格策略會如何影響消費者的

＊中國的民營汽車製造商。

購買衝動等等。

第三，動態之眼。

一個系統的要素和要素之間的關聯，不是恆久不變的。一旦把「時間」加進來，就更有趣了。

想要擁有全局之眼，更要練習用動態之眼看穿時間。比如，五年之後人類的生活方式是怎樣的？今天最強大的公司還會強大多久？今天看到的結果，是今天的行為導致的嗎？該學習今天的蘋果公司，還是三十年前的微軟？短期利益是長期成功的成本嗎？等等。

在商業環境變化不快的時候，思維容易懶惰。在一些人的腦海中，複雜、多維的系統理論會退化為簡單、單向的因果論：只要做好A，就能得到B。甚至在另一些人的腦海中，因果論會進一步退化為經驗論：別人就是這麼做成功的，我也要這麼做。更有甚者，一些連思考都不思考的人，會把經驗論繼續退化為亂拳論：我什麼都不信，只信自己通過嘗試、犯錯得來的教訓，亂拳打死師傅。

亂拳論會讓人「死」在不必要的地方，經驗論會讓小馬不敢過河，因果論會讓人忽視世界的複雜性。人們愈是身處高速變化的世界，愈要訓練系統性思維，進而擁有全局之眼。

在商業環境巨變的今天，要懂得關聯地（二維）、整體地（三維）、動態地（四維）看問題。當一個人擁有了關聯地、整體地、動態地看待事物的能力，他就真正擁有了全局之眼，可以站在未來看今天。

掌握關鍵

全局之眼

世界上所有的東西都被規律作用著，以一種叫作「系統」的方式存在。要素，是系統中看得見的東西；關係，是系統中看不見的、要素之間相互作用的規律。看到要素，還要看到要素之間的關係，更要看到這些關係背後的規律，這就是「全局之眼」。

延伸思考

職場 or 生活中，可聯想到的類似例子？

啟動亮點

創新，有時候不是突如其來的天才想法，而是正確思維方法的必然結果。

08

逆向思維——

相機底片如何防曝光

你知道底片相機的原理嗎？把底片放入相機，並卡在相機齒輪上，闔上後蓋開始拍照。拍一張，齒輪自動轉動，收起這段底片，抽出一段新底片。全部拍完後，相機自動把所有底片反向捲回到底片盒，人們打開相機後蓋，就能取出底片了。

上大學時，我選修過一門發明課，老師問了一個問題：「底片相機有個重大的設計缺陷——如果有人不小心打開相機後蓋，所有拍過的照片都會曝光。如果讓你們改進設計，會怎麼做？」有同學說在相機後蓋上加一個鎖，沒拍完時無法打開；有同學說把已拍和未拍的底片分開存放，從底片盒到底片盒，就不怕全部曝光了；還有同學說相機蓋裡面應該再加一個蓋，雙重保護，防止誤操作。

老師給我們講了一個老太太的做法：她把底片放入相機，先自動把空白底片從盒裡抽出來，拍一張，齒輪反向把底片收回到盒裡一張，直到全部拍完。這樣，萬一相機後蓋被打開，曝光的僅僅是空白底片。這位老太太為自己的這個設計申請了專利，最後把它賣給了柯達公司，獲得了七十萬美元的專利費。

聽完之後，我有一種醍醐灌頂的感覺。這個方法難嗎？一點都不難，甚至都不用改變相機的設計，僅僅是改變齒輪馬達的方向。這種威力極其強大的思維工具，就叫做「逆向思維」。

逆向思維法，是指從事物的反面去思考問題。它常常能創造性地解決問題。在商業世界中，依靠逆向思維獲得成功的人比比皆是。

那麼，怎樣才能獲得逆向思維能力呢？有六種常用的逆向思維法。

第一種，結構逆向。

那位老太太運用的就是結構逆向的思維方式。通過反轉齒輪馬達這麼一個小動作，解決了大問題。

再比如，手機都是正面顯示的，如果把畫面反轉過來呢？這樣，當你把手機放在汽車儀表板上時，導航軟體的畫面反射到擋風玻璃上，就成了正面，你就不必低頭看手機了。

第二種，功能逆向。

比如，保溫瓶的功能是保熱。從這個功能逆向思考一下，它可不可以保冷呢？於是就有了冰桶。

空調是用來製冷的，那它能不能同時製熱呢？我們知道空調製冷的原理，是把熱從房間交換到室外去。於是，有些生產廠家把空調交換出去的熱量輸出到廚房，用於製熱，就變成了家用熱水系統。

第三種，狀態逆向。

比如，人走樓梯時，人動，樓梯不動。能不能把這個狀態反過來，讓人不動，樓梯動呢？於是就有了電動扶梯。

工人鋸木頭，鋸子動，木頭不動。要是把這個狀態也反過來，鋸子不動，木頭動呢？就有了鋸臺。

第四種，原理逆向。

電動吹風機的原理是用電製造空氣的流動，方向是吹向物體。能不能逆向利用這個原理，空氣還是流動，但是方向相反呢？於是就有了電動吸塵器。

電動機的原理是用電產生磁場，然後靠磁場移動物體。如果反過來利用這個原理，讓移動產生磁場，磁場產生電呢？於是就有了發電機。

第五種，序位逆向。

序位逆向就是順序和位置逆向。比如，火箭都是往天上發射的。能不能反過來，讓它往地裡發射呢？蘇聯研究了一種鑽井火箭，能穿透巖石、凍土，重量更輕，耗能更低。

在動物園裡，通常都是把動物關在籠子裡，人走動觀看。能不能把這個狀態反過來，人關在籠子裡，動物到處走呢？於是就有了開車遊覽的野生動物園。

第六種，方法逆向。

有一場奇特的賽馬比賽，比誰的馬跑得慢。參賽的兩匹馬都止步不前，直到天黑了才往前走半步。可以換一個方法嗎？裁判讓兩個騎手換騎對方的馬，瞬間，他們就完成了比賽。

創新，有時候不是突如其來的天才想法，而是正確思維方法的必然結果。我們不是缺乏創新，只是缺乏創新的思維工具。

掌握關鍵

逆向思維

逆向思維是從事物的反面去思考問題，使問題獲得創造性的解決。在商業界，尤其需要逆向思維的能力和訓練。常用的逆向思維方法有六種，包括結構逆向、功能逆向、狀態逆向、原理逆向、序位逆向和方法逆向。

延伸思考

職場 or 生活中，可聯想到的類似例子？

啟動亮點

要有意識地在大腦中蒐集、整理、存放大量的因果邏輯，訓練自己預測和歸因的能力，才能從已知預測未知。

09

正向思維——從已知預測未知

美國哈佛大學前校長魯登斯坦（Neil Rudenstine）說：「成功者和失敗者的差異，不是知識，也不是經驗，而是思維能力。」除了逆向思維外，還有一種與之對應的思維能力，叫做「正向思維」。

有的人可能會想：我不太擅長反過來思考，但正向思維總不至於太差吧？其實不一定。我先問一個問題：偵探最需要的是逆向思維能力，還是正向思維能力？

一九九九年，我作為工程師加入微軟的時候，一位前輩給我講過一件真人真事。

有位微軟工程師接到客戶電話，說伺服器每到深夜就會當機，詢問是什麼原因。工程師查了各種報告，找不到原因，於是建議客戶：「你能不能安排人在機房值夜班，觀察到底發生了什麼？」客戶答應了。但是很奇怪，那天夜裡伺服器居然沒有當機。大家都很高興，以為沒事了，也就沒有再安排人值班，結果伺服器又當機了……試了幾次，都是有人看著就沒事，沒人看著就當機。這是為什麼？

後來，工程師終於發現，根本原因是空調：平常機房不開空調，但有人值班的時候，因為太熱，值班的人就會打開空調。如果不開空調，機器的CPU過熱，就會出問題；一旦打開空調，系統就會安然無恙。

聽完這個故事，我深受震撼。

什麼是正向思維？

正向思維就是從因到果的思維，是從已知預測未知的能力。踢一腳足球，我預測它會飛起來；按下開關，我預測燈光會熄滅。擅長正向思維的人都是「因果邏輯收集者」，他們平常在大腦中收集、整理、存放了大量的因果邏輯，以備隨時調用。

在上述案例中，有四個首尾呼應的因果邏輯：一、人不在，關空調；二、關空調，溫度高；三、溫度高，CPU過熱；四、CPU過熱，電腦就當機。這四個因果邏輯中，只要忽略了任何一環，就可能永遠解決不了這個問題。

破案看上去像是在進行逆向思維，由果到因，但其實在偵探的腦海中，快速發生著成千上萬個正向思維，無數的由因到果。這些因果邏輯的數量和質量，直接決定了偵探的破案能力。

應該怎麼訓練正向思維能力呢？

第一，做一個「因果邏輯收集者」。

比如，看到用戶愈多，微信黏著度愈大，就收集一個叫做「網路效應」的因果邏輯，放在大腦中的商業區；看到有人願意買一千萬元的車，卻不願意買五十元的礦泉水，就收集一個叫做「心理帳戶」的因果邏輯，放在人性區；看到太多管理錯位的問題，就收集一個叫做「責權利心法」的因果邏輯，放在管理區……

第二，多讀偵探小說，多讀科幻小說。

收集了大量因果邏輯後，如何調用它們？有兩個辦法：歸因和預測。正向思維往過去用，就是歸因；往未來用，就是預測。要訓練歸因和預測的能力，可以多讀偵探小說和科幻小說。

讀偵探小說可以訓練歸因能力。比如，福爾摩斯第一次見到華生，就猜到他是從阿富汗回來的。福爾摩斯說：「由於長久以來的習慣，一系列的思索飛也似的掠過我的腦際，因此在我得出結論時，竟未覺察得出結論所經的步驟。但是，這中間是有著一定的步驟的。」福爾摩斯說的這個「步驟」，就是歸因。

讀科幻小說可以訓練預測能力。在電影《星際效應》（*Interstellar*）裡，最後人類生活的那個滾筒太空站，就是編劇基於「離心運動產生重力」這個因果邏輯，對未來產生的有科學依據的想像。這個有依據的想像就是預測。

掌握關鍵

正向思維

與逆向思維相對應的正向思維，是一種從因到果的思維模式，從已知預測未來的思考能力。正向思維往過去用，可以用來歸因；往未來用，可以用來預測。怎麼訓練正向思維？第一，做一個因果邏輯收集者；第二，多讀偵探、科幻小說。

延伸思考

職場or生活中，可聯想到的類似例子？

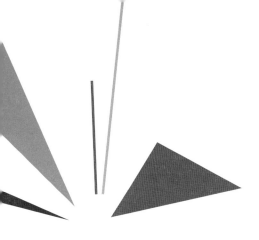

第4章

演講與溝通

01 認知臺階－你不是在講，而是在幫助他聽

02 畫面感－增加語言的帶寬

03 開場與結尾－先摘到「低垂的果實」

04 脫稿演講－現場組織語言的能力

05 演講俱樂部－從對著鏡子到對著聽眾

06 快樂和痛苦四原則－好消息和壞消息先說哪個

07 「五商派」寫作心法－如何寫出好課程

08 電梯測驗－三十秒講清為什麼

09 如何開會－用時間換結論

10 精準提問－溝通界的C2B模式

啟動亮點

永遠不需要「把想法塞到別人的腦海中」，而是讓他們自取。要根據聽眾的聽講邏輯，一步步給他們鋪設「認知臺階」。

01

認知臺階——
你不是在講，而是在幫助他聽

你有沒有注意到這樣一個現象：愈成功的領袖，演講能力愈強。或者可以反過來說，演講能力愈強的人，愈可能成為領袖。為什麼？因爲影響力是成爲領袖的必要條件，而演講是提高影響力最重要的方法之一。

經常有人說，全天下最難的兩件事情是把錢從別人的口袋裡掏出來和把想法塞到別人的腦海中去。這個說法並不對，因為主體錯了。我們永遠不需要「把想法塞到別人的腦海中去」，我們只需要讓他們自取，主體應該是聽眾，而不是演講者；我們也不需要「把錢從別人的口袋裡掏出來」，我們只需要讓他們自己掏，主體應該是購買者，而不是銷售者。

大家都喜歡買東西，而不是被賣東西。

主體不對，行為就不對。

演講的主體不是作為演講者的「你」，而是作為聽眾的「他」。「你」要深諳「他」的聽講邏輯，而不是「你」自己的演講邏輯。如果連這個最基本的立足點都不對，做什麼都不會對。

根據聽眾的聽講邏輯，一步一步給他們鋪設「認知臺階」，需要掌握三個關鍵點。

第一，按照人的思考線索，而不是知識的樹狀結構來演講。

大部分人的思維是線性的，而不是樹狀的，更不是網狀的。

線性思維有幾種，比如「問題—原因—方案」。有些老中醫看病，一般都是先看病人一眼，接著在病人的肋骨之間按下去，問「痛不痛」；病人大叫一聲「痛」，老中醫這才開始說病因是什麼，病人認真地聽，並且努力理解；接下來，就算老中醫不說，病人也會問：「那該怎麼辦呢？」這就是普通人的思維線索。

如果老中醫一開始就用樹狀結構講：人類有三十五大類疾病、成因有幾種、罹患每種疾病的概率是多少……話還沒講完，病人就睡著了。醫生是為了幫助病人理解，而不是只顧自己表達。

另外一種線性思維是「現象－原理－應用」。比如，我們觀察到，所有飲水機的熱水開關都在左邊，所有防火門都是向走廊裡推開等，這些都是現象。至於為什麼，就要展開講其中的原理了。懂得了原理，在設計手機App的時候，就可以借用這些現象背後的原理。

演講者可以把自己想像成一位導遊，導遊的目的是要把遊客從A點帶到B點，所以他必須懂得兩點之間的臺階路徑，確保遊客每踏上一級臺階，都有安全、完美的體驗，而不是導遊自己站在C點自說自話。

第二，無法否認的事實和無可辯駁的邏輯。

鋪設臺階是個大學問。每一級臺階都要堅實（無法否認的事實），臺階與臺階之間必須相連（無可辯駁的邏輯）。

演講者說的每一個案例、每一個數字，都要經得起查證，這是整個演講的臺階。萬萬不可為了說明某個觀點而胡編亂造，否則聽眾踏上這級臺階的時候，臺階會轟然倒塌，聽眾會摔向深淵。

更重要的是，每一個案例和結論之間必須有嚴密的因果關係。只有這樣，聽眾才會心悅誠服地抬腳，從這一級臺階邁向上一級。否則，演講者就是生拉硬拽，聽眾也不會上去的。甚至，多拽幾次後，聽眾還會很不滿意，感覺自己好像受到了侮辱。

無法否認的事實，尤其是無可辯駁的邏輯，是演講者的基本功，需要多年的修練。如果做不到這兩點，建議就不要急著登上講臺了。

第三，用幽默感讓認知的路上滿是風景。

演講的過程就像一段路途，一路走下來會很辛苦。演講者要不斷讓聽眾看到沿途美麗的風景，吃到可口的食物，這才算是對聽眾精神和身體的獎勵。對於聽眾來說，演講的幽默感就是最好的獎勵。

需要澄清的是，幽默感不等於拿別人開玩笑，更不等於「段子」。幽默感來自於智慧，聽眾之所以會心一笑，是因為他們感受到了智慧，接收了智慧。如果演講者真的要講段子，那就講自己的段子。說自己，叫自嘲；說別人，叫諷刺。幽默感是有智慧的自嘲。

演講者做到上述三點，聽眾就會一路歡聲笑語，輕輕鬆鬆走到終點。

而演講者為了聽眾完美的聽講體驗，必須辛苦地設計認知臺階。請記住：你不是在講，而是在幫助他聽。

掌握關鍵

認知臺階

聽眾聽懂一個知識點、接受某個新觀點，有其自身的規律和邏輯。按照聽講邏輯一步一步設計演講，引導聽眾到達演講者指引的方向，就是鋪設「認知臺階」。鋪設認知臺階有三個關鍵點：一、按照人的思考線索，而不是知識的樹狀結構來演講；二、無法否認的事實和無可辯駁的邏輯；三、適時用幽默感讓認知的路上滿是風景。

延伸思考

職場or生活中，可聯想到的類似例子？

啟動亮點

讓聽眾用眼睛看到語言中的「布景」，讓他們用眼睛來「聽」演講。

02

畫面感——

增加語言的帶寬

有一款賓利轎車很貴，售價八百八十八萬元。假如一個演講者希望聽眾知道這種車很貴，他應該怎麼說呢？真的非常貴？實在太貴，一般人買不起？這些表達都不能讓聽眾對「貴」產生一種感性認識。夠在上海買一套房子？相當於四十個人的年薪？這些表達好一些，能讓人有些感性認識了，但是還不夠。

我比較喜歡這樣的表達：這款賓利轎車到底有多貴？一個農民，從商紂王還沒有出生的時候就開始工作，不吃不喝一直幹到社會主義初級階段，也許才能買得起一輛這樣的轎車。

這種表達會讓聽眾經過小思考、小探索，自己產生「貴」的感覺，而不是演講者告訴聽眾「貴」這個結論。這種豁然開朗的感覺，甚至會讓聽眾情不自禁地驚呼。而這些效果都來自演講者刻意營造的「畫面感」。

演講是通過語言傳遞訊息的能力。但是，語言其實並不是最有效的傳遞訊息的工具。語言傳遞的訊息量小於聲音，而聲音傳遞的訊息量小於畫面。所以，**聽眾從一場演講中獲得的訊息，通常只有百分之七來自語言，百分之三十八來自語調和聲音，而剩下的百分之五十五則來自肢體語言，即聽眾眼睛看到的畫面。**

那麼，演講者該怎麼辦呢？試著讓聽眾用眼睛看到語言中的「布景」，讓他們用眼睛來「聽」演講。這就是所謂的「畫面感」。

畫面感，可以極大地增加語言的帶寬，把複雜的情緒編碼在簡單的文字中，傳遞給聽眾。

怎樣才能營造畫面感，然後用畫面感增加語言的帶寬呢？我教大家幾個小技巧。

第一，具體到細節。

畫面感來自具體的、細節的布景。道具愈具體、細節愈豐富，畫面感就愈強。比如，演講者想說「現在大家每天使用通訊軟體的時間都很長」，充滿畫面感的說法是：「你們中有多少人像我一樣，早上起床之後，先滑社群網站，再刷牙？」起床、刷牙就是具體的場景。

再比如，演講者想說「我希望黑人和白人地位平等」，充滿畫面感的說法是：「我夢想有一天，在喬治亞的紅山上，昔日奴隸的兒子能夠和昔日奴隸主的兒子坐在一起，共敘兄弟情誼。」喬治亞的紅山就是關鍵的細節道具。

第二，善於用類比。

用一個具象的東西，來類比一個抽象的東西；用一個熟悉的東西，來類比一個不熟悉的東西。類比的關鍵，是善用「相當於」這個連詞。

比如，怎麼向大家說明《5分鐘商學院》的價值呢？可以用具象的東西來類比，比如錢。充滿畫面感的說法是：「假如每人每小時的時間成本是一百元，每期《5分鐘商學院》幫大家節省一小時瞎琢磨的時間，那麼第一季十七萬學生，第二季十一萬學生，每一季都有兩百六十期欄目，相當於幫大家節省了價值七十多億元人民幣的國民總時間。」

再比如，提到聽眾不熟悉的跨國公司頭銜時，可以說：「Corporate VP，就是集團副總裁，相當於中國的部級幹部。當然，投資公司裡VP（副總裁）的概念完全不一樣，可能只相當於正處級、副局級。」

第三，點睛用排比。

排比句可以為畫面感增加衝擊力。一場演講中，在關鍵時刻使用兩三次排比句，能夠給聽眾留下極其深刻的印象。

比如，馬丁·路德·金恩（Martin Luther King）在《我有一個夢想》的演講中說：「我夢想有一天，在喬治亞的紅山上，昔日奴隸的兒子能夠和昔日奴隸主的兒子坐在一起，共敘兄弟情誼；我夢想有一天，甚至連密西西比州這個正義匿跡、壓迫成風，如同沙漠般的地方，也將變成自由和正義的綠洲；我夢想有一天，我的四個孩子將在一個不是以他們的膚色，而是以他們的品格優劣來評判他們的國度裡生活。」

排比句是一盤大菜，就像紅燒豬腳，要用，但是也不能多用，否則聽眾會覺得口味太重。

掌握關鍵

畫面感

畫面感可以極大地增加語言的帶寬，把複雜的情緒編碼在簡單的文字中，傳遞給聽眾。怎麼增強演講中語言的畫面感？有三個小技巧：具體到細節，善於用類比，點睛用排比。

延伸思考

職場 or 生活中，可聯想到的類似例子？

啟動亮點

一個精采的開場，必須幫助演講者聚攏注意力，激起聽眾的好奇心。

03

開場與結尾——

先摘到「低垂的果實」

有位朋友問我：「我知道演講能力需要長期訓練，但是有沒有什麼快速提高的方法，讓我能先摘到『低垂的果實』，再慢慢爬樹，不斷精進呢？」我建議他先學習開場和結尾。一個精采絕倫的開場，可以幫演講者拿到預判分；一個餘音繞梁的結尾，可以幫演講者拿到附加分。

有一次，我受泉州商會的邀請，到廈門給企業家做一場關於「企業轉型」的演講。演講前一天，強颱莫蘭蒂正好重創了廈門。我上臺後說：「莫蘭蒂颱風肆虐廈門，三十五萬株大樹被吹倒。現在的經濟環境就像這場颱風，我們為救災行為感動，但我們最終要研究的是那些沒倒下去的樹。倒下去的企業，是迎不來春天的。」臺下的企業家頻頻點頭，開始放下手機，認真聽我的演講。

這就是開場。一個精采的開場，必須幫助演講者聚攏注意力，激起聽眾的好奇心。具體怎麼做？可以試試下面幾個方法。

第一，提問。

「這個世界上，到底有沒有長生不老的生物？」當聽眾的注意力和好奇心被吸引之後，演講者可以投影一張「燈塔水母」的圖片，然後自問自答：「科學家宣布，發現了可能是唯一一種，只要不被吃掉，就不會死掉的生物——燈塔水母。為什麼它們能長生不老？它們做對了什麼？對企業經營有什麼啟發？下面，我與大家分享……」

通過提問製造懸疑，是開場最重要的技巧之一。

第二，幽默。

臺灣著名作家李敖到北京大學演講時，是這麼開場的：「我最害怕四種人：一種是根本不來聽演講的，一種是聽了一半去廁所的，一種是去了廁所永遠不回來的，一種是聽演講不鼓掌的。」大家哄堂大笑，滿堂鼓掌。

單純的幽默，也許不能激發聽眾對後面內容的好奇心，但是可以有效聚攏注意力。

有些演講場地有環形劇場、階梯型座椅和聚光燈，天然能聚攏注意力。但有些演講場地，比如教室、普通會議室，不聚氣，就需要演講者自己想辦法了。幽默通常都是非常有效的工具。演講者可以準備三五個自嘲的段子，然後在不同場合選擇使用。

第三，關聯。

我在廈門演講時，用莫蘭蒂颱風開場，切入演講主題，這就是「關聯」——與聽眾身邊最具體的事相關聯。這種關聯會讓聽眾有一種強烈的代入感，從而吸引他們的注意力。

魯迅曾到中山中學演講，開篇就說：「你們的學校名叫中山中學。孫中山先生致力於國民革命四十年，建立了中華民國。但是，現在軍閥跋扈，民生凋敝，只有民國的名目，沒有民國的實際。」這也是關聯。

演講之前要認真思考，找到聽眾和主題之間的一個強關聯，這個關聯要發人深思，或者引人開懷大笑。

第四，開門見山。

演講者往舞臺中央一站，所有人鴉雀無聲，漆黑中只有一束光打下來——這時，應該說什麼？「感謝委員會的邀請，感謝大家的光臨，我非常榮幸」嗎？如果這樣開場，一口真氣立刻就散掉了。如果現場注意力已經高度集中，那麼最好的策略就是開門見山：「人工智慧真的會在未來五～十年之內，改變整個世界嗎？我不這麼認為。我們看一組數據……」

演講是一項關於注意力和好奇心的藝術。用以上四種方法開場，迅速抓住聽眾的注意力，拿到預判分，就算後面講得一般，也不會差到哪裡去。

那麼，演講者應該怎麼結尾呢？

演講快結束了，演講者畫龍點睛地回顧幾個要點。接下來怎麼說？「今天我就講到這裡，謝謝大家」嗎？這樣的結束，不能算差，但是遠不能算好。一個好的結尾應該是整場演講的最強音，在聽眾心中繞梁三日。

馬雲的演講被很多人頂禮膜拜。他有一個非常重要的技巧——金句結尾法。「今天很殘酷，明天更殘酷，後天很美好。但絕大部分人，死在明天晚上。」說完之後大踏步走下講臺。聽眾當場就怔住了，等到反應過來，才趕緊拿出小本子記下來。

金句最大的作用就是醍醐灌頂，加之好讀好記，會使演講者得到很多附加分。如果自己寫不出金句，可以借用別人的話。比如，我常常用這句話結尾：「張瑞敏曾經說過，沒有成功的企業，只有時代的企業。所有企業的成功，都是因為踏對了時代的節拍。我祝願所有的企業家，都能踏對這個新時代的節拍，成就你們新的輝煌！」

最後提醒大家，精采絕倫的開場和餘音繞梁的結尾終究不能替代演講的內容。摘完「低垂的果實」之後，還是要刻意練習，不斷精進。

掌握關鍵

開場與結尾

演講需要長期訓練，但一個精采絕倫的開場，可以幫你拿到預判分；一個餘音繞梁的結尾，可以幫你拿到附加分。具體怎麼做？第一，開場時，要善用四個技巧：提問、幽默、關聯和開門見山；第二，結尾時，可以嘗試金句結尾法。

延伸思考

職場 or 生活中，可聯想到的類似例子？

04

脫稿演講——現場組織語言的能力

啟動亮點

好吃的飯菜，一定是現做的。別用朗讀和背誦，掩蓋現場組織語言能力的不足。

有一個故事。老和尚教小和尚剃頭，小和尚很聰明，學得很快，但是他有個壞習慣：每次練習完之後，他會習慣性地把剃刀插在冬瓜上。結果有一次，小和尚給真人剃頭，一不小心就釀出了慘劇。

這個世界上，有些看似不足掛齒的好習慣，一旦養成，受益終生。也有一些看似無傷大雅的壞習慣，一旦養成，禍害終生。那麼演講中，有沒有什麼壞習慣呢？

大家可能遇到過這樣的演講：演講者緩緩上臺，從西裝口袋裡拿出幾頁講稿，然後開始朗讀，「尊敬的領導，尊敬的來賓，尊敬的女士們、先生們……」他就這麼一直低著頭唸稿，完全不顧臺下的聽眾。百無聊賴的聽眾要麼低頭玩手機，要麼早就神遊萬里之外了。

朗誦式演講是演講中最典型的壞習慣之一，因爲它不僅讓現場聽眾感到索然無趣，更重要的是，一旦成爲習慣，就會讓演講者失去眞正的演講能力——現場組織語言的能力。

朗誦式演講者如果被邀請做即興演講，他可能會說：「沒想到今天會讓我上場，沒做什麼準備。那就講兩點吧，第一點是……第二點是……」講完之後，發現自己還有話想說，於是接著說：「……這是一點。下面來說說第二點……」

朗誦和演講最大的區別在於：朗誦本質上就是把演講中現場組織語言的工作提前完成了。這就像航空公司提前做好飛機餐，起飛後加熱一下，給旅客端上來一樣。無論怎麼吹噓「營養衛生」、「搭配健康」，可能都比不上家門口小飯館裡最便宜的酸辣馬鈴薯絲可口。

那麼，怎麼改掉朗誦式演講的壞習慣呢？

第一，用PPT代替講稿。

這樣可以讓演講者專注於演講邏輯，而不是具體的文字。邏輯和素材可以提前準備，文字必須現場組織，這就像菜譜和原材料可以提前準備，但是必須現炒現吃一樣。現場組織語言的能力，就是你的廚藝。

有了邏輯和素材，如果還是擔心自己現場會忘記細節，可以把更多的提示寫在PPT每頁的「備註」裡，然後用「演講者視圖」雙螢幕顯示。這樣，聽眾只能看到PPT，但演講者還可以看到備註提示。

第二，用手卡代替PPT。

任何一場優秀的演講都來自精心的準備：邏輯、素材和大量的練習。經過大量的練習，各種案例都用不同的方法講述了幾十遍，各種數字已經瞭然於胸，各種邏輯關係即使顛來倒去也不會錯亂。這時候，就可以嘗試一種更高級的演講工具——手卡了。

手卡，是主持人常用的一種提詞工具。可以在一些小卡片上寫好演講的核心邏輯、關鍵數據、主要案例、重磅金句、備用附錄等，再按照演講順序放好，然後就可以上臺演講了。

用PPT演講時，演講者不能一邊講，一邊刪掉或增加PPT，或者調整PPT的順序。但手卡可以，手卡是邁向真正「脫稿演講」的一大步。手卡有很多形態，比如，美國總統常用的電子提詞機，就是一種特殊的手卡。馬雲演講時，手裡常常拿著一個酒店的信紙夾板，這也是一種特殊的手卡。

第三，用脫稿代替手卡。

脫稿演講不是背誦。背誦式演講比朗誦式演講更糟糕。使用朗誦式演講時，演講者至少不用擔心說錯，所以演講者還有餘力關注自己的語調。而背誦式演講會使演講者把幾乎所有心力都用在回憶上，活生生把演講變成了記憶比賽。這種方法也許可以幫演講者應付一兩場演講，但是會妨礙我們成為真正優秀的演講者。

永遠不要背稿。當你需要背誦的時候，恰恰說明準備還不充分。脫稿演講是在充分練習的基礎上，把PPT或手卡上的核心邏輯寫在心裡面。當手卡愈來愈少的時候，你離脫稿演講也就愈來愈近了。

掌握關鍵

脫稿演講

朗誦式演講、背誦式演講，本質都是把現場組織語言的工作提前完成了。要成為真正優秀的演講者，就要改掉這兩個壞習慣。從讀稿到投影片，從投影片到手卡，從手卡到脫稿。脫稿，不是背誦，是胸有成竹的現場創作。

延伸思考

職場 or 生活中，可聯想到的類似例子？

05

啟動亮點

每一位CEO或者有志成為CEO的人，都必須練好演講。

演講俱樂部——從對著鏡子到對著聽眾

在一些大型跨國企業中，愈高級的領導者愈擅長演講。幾乎所有跨國企業的CEO，都是演講家。美國總統競選簡直就是一場演講比賽。為什麼會這樣？

組織，就是訊息流動的方式。組織架構必然導致訊息傳遞的延遲和損耗，所以，CEO們特別需要一種跨層級、大功率、穿透人心的廣播式溝通工具，這就是演講。

每一位CEO，或者有志成為CEO的人，必須練好演講。怎麼練呢？可以試著成立一個互助式「演講俱樂部」：找二十個朋友，每週聚一次，每次四個人講，每人講一刻鐘，彼此點評，共同進步。

> 演講俱樂部是一個允許試錯、不斷糾正的練習方式。利用這種形式，可以著重練習下面四個演講技巧。

第一，克服緊張。

當被幾十雙眼睛緊緊盯著的時候，很多初學者一下子就緊張了。克服緊張之道在於充分準備。「充分」的標準是：準備演講素材的時間兩倍於演講時間。這和「流動資金兩倍於流動負債」是一個道理。

很多人一上臺，從「對著鏡子」模式，一下子切換到「對著聽眾」模式，腦中一片空白。要克服這種緊張，可以試著在上臺前反覆練習演講的前三句話。這三句話會把你從頭腦空白中拉出來，進入準備好的演講邏輯中。

還有的人在演講時總是覺得兩隻手沒地方放。這是因為他的注意力聚焦在自己身上，一直在想「我會不會出醜啊」。要克服這種緊張，可以試著把注意力轉移到聽眾身上，心想「我一定要讓聽眾有收獲」，這樣就會忘掉自己的雙手。如果實在忘不掉，拿個翻頁筆或者麥克風慢慢練習。

第二，情緒互動。

首先，不要坐著演講，這會嚴重妨礙互動；也不要站在講臺後面講，走出來。其次，練習看聽眾的眼睛，如果害怕，先看頭頂；不要盯著最漂亮的聽眾看，要每個角度都顧及。再次，善用停頓，這會使滑手機的聽眾抬起頭來，看看發生了什麼；也可以用優雅地喝水代替停頓。最後，說話要抑揚頓挫，比如，「到——底發生了什麼」，這個「到」字拖三個音長、兩個轉折。

練習之後，你可以問聽眾：「有多少人看到我對他單獨微笑了？」如果沒超過百分之八十，就說明你還需要繼續練習。

第三，提問回答。

演講俱樂部的成員可以故意製造一些「麻煩」。比如，一位聽眾舉手提問：「老師，關於這一點，我有一個問題……」這時，演講者應該怎麼回答？要說：「嗯，這是一個好問題。」這個世界上，沒有壞問題，只有壞答案。演講者可以自己回答這個問題，也可以問其他聽眾：「××學生，你怎麼看這個問題？」讓學生討論，然後提煉觀點。

如果聽眾舉手提問：「老師，關於這一點，我有不同看法……」該怎麼辦？千萬不要紅著臉說：「我不同意，你是錯的。」這樣會把演講變成辯論會。演講者心裡一定要清楚：自己講的是觀點，不是真理。所以，演講者可以回答：「嗯，這是一個很有趣的角度。我是這麼看的……我很願意繼續傾聽你的觀點，休息的時候你來找我，可以嗎？」總之，不能擺出一副「我就是絕對真理」的姿態，用「你們給我聽好」的語氣來演講。同樣的道理，李善友教授在每次演講結束時，幾乎都會說一句：「我今天說的，都是錯的。」

第四，講好故事。

你讀過阿嘉莎·克莉絲蒂（Agatha Christie）或者柯南·道爾（Conan Doyle）的推理小說嗎？當你屏住呼吸，心懸一線，讀完整本小說，真相大白，大呼過癮之後，再回想整個故事，會不會覺得：「這其實是多麼平淡無奇的一個故事啊！不就是一個人一怒之下殺了另一個人嗎？」偵探小說之所以誘人，關鍵不在於故事，而在於講述故事的方式。

講好故事是演講抓住人心的關鍵，而懸念是講好故事的核心。

該怎麼練習呢？除了在演講俱樂部反覆訓練，也可以試著這麼跟女朋友說話——問她：「木頭做的門，叫什麼門？」她回答：「木門。」接著問：「鐵做的門，叫什麼門？」她回答：「鐵門。」最後問：「通往幸福之門，叫什麼門？」趁她一臉茫然的時候，自問自答：「我們。」這就是懸念。

掌握關鍵

演講俱樂部

演講是一種跨層級、大功率、穿透人心的廣播式溝通工具。每個執行長，都應該學習演講。怎麼練習呢？找二十個朋友，成立一個「演講俱樂部」，每週聚一次，每次四個人講，每人講十五分鐘，彼此點評，共同進步。在演講俱樂部，可以反覆練習四個技巧：克服緊張、情緒互動、提問回答和講好故事。

延伸思考

職場 or 生活中，可聯想到的類似例子？

06

快樂和痛苦四原則——

好消息和壞消息先說哪個

啟動亮點

在「好消息和壞消息，先聽哪一個」的問題背後，有著複雜的損失規避、時近效應等個體溝通心理的因素。

「我有一個好消息和一個壞消息，你想先聽哪一個？」很多人被問到這個問題時，通常會說：「那就先聽壞消息吧。」為什麼會這樣？

前文介紹過「損失規避」，得到一百元所帶來的快樂，無法彌補失去一百元所產生的痛苦。也就是說，壞消息的殺傷力天生就比好消息大。所以，很多人選擇先說壞消息。而且，根據「時近效應」，最後的印象最強烈，甚至能沖淡之前的各種印象。把好消息放在後面說，就是通過時近效應的放大效果對沖掉一部分壞消息的影響。這樣，聽者的感覺就不會那麼差了。

簡單地說，在「好消息和壞消息，先聽哪一個」的問題背後，有著複雜的損失規避、時近效應（Recency Effect）等個體溝通心理的因素。基於個體溝通心理，有一個有趣的溝通策略——快樂和痛苦四原則。

第一個原則，多個好消息要分開發布。

究竟是一次撿到八十元更開心，還是走兩步撿到十元，再走兩步撿到二十元，再走兩步撿到五十元更開心？對多數人來說，分開撿更開心。

當主管有一個好消息要告訴員工時，應該這麼說：「××，告訴你一個好消息，你的提案得到了公司的高度認可，管理階層都對你讚不絕口……」員工一聽，面露喜色。這時主管接著說：「公司一定會給予物質獎勵的，管理階層決定給你安排一次免費旅遊，讓你好好休息一下……」員工更高興了：「居然還有免費旅遊？」，「峇里島和普吉島，你自己選一個吧！」主管拍拍員工的肩膀，說了句「好好幹，繼續加油」，然後轉身走了。

最關鍵的是，主管走出幾步後，突然折回去，補充道：「哦，對了，這次是雙人遊哦！」——這就是史蒂夫·賈伯斯（Steve Jobs）經典的「one more thing」（還有一件事）時刻了，估計員工這個時候會幸福得暈過去。

對比一下，如果主管一開始就說：「公司決定獎勵你兩張東南亞往返機票和三晚酒店住宿，感謝你的努力工作。」員工的反應會有差別嗎？

第二個原則，多個壞消息要一起發布。

房產仲介應該如何向客戶介紹一套房子？他應該說：「這套房子不朝南，結構有些不方正，迴廊面積浪費，社區的綠化還算不錯，但是物業費比較高，還有就是周邊社區不是很成熟……」

看到這裡，有的人可能會質疑：這麼說怎麼能賣出房子呢？因為客戶遲早會問房子的缺點，不如一開始就集中說完，說完缺點之後，接下來的所有討論都會給房子加分。如果仲介像擠牙膏一樣，客戶問朝向，他說：「不太好，朝北的。」客戶心裡會咯噔一下。再問結構，也只能回答：「不太好，不方正」……這麼下來，客戶心裡會咯噔四五下，這套房子在他心中簡直就一無是處了。

多個壞消息一起發布，會明顯減輕對方的痛感。

第三個原則，一個大的壞消息和一個小的好消息，要分別發布。

比如，專案做失敗了，怎麼和老闆溝通？「老闆，專案失敗了，我願意代表團隊承擔責任。但整個團隊深刻地吸取了教訓，至少知道了哪些是死路，這些都是非常寶貴的財富。」

再比如，在A專案上賠了一千萬元，在B專案上賺了一百萬元。不要說「總的來說，我們賠了九百萬元」。而要分開說，「很遺憾，我們在A專案上賠了一千萬元，但是在B專案上賺回了一百萬元」。

這就是分別發布「一個大的壞消息」和「一個小的好消息」——記住，仍然要先說壞的，再說好的。沒有好消息怎麼辦？使勁找一找，總能找出好的。

第四個原則，一個大的好消息和一個小的壞消息，要一起發布。

假如反過來，在A專案上賺了一千萬元，在B專案上賠了一百萬元。不要說「很遺憾，我們在A專案上賺了一千萬元，但是在B專案上賠了一百萬元」，而要一起說，「總的來說，我們賺了九百萬元」。

這就是一起發布「一個大的好消息」和「一個小的壞消息」，瑕不掩瑜，別讓小的壞消息破壞了大家的好心情。

掌握關鍵

快樂和痛苦四原則

基於個體溝通心理，有一個有趣的「快樂和痛苦四原則」溝通策略：第一，好消息要分開說；第二，壞消息要一起說；第三，小好大壞分開說；第四，大好小壞一起說。這四項原則能夠影響聽者接收訊息時的感受。

延伸思考

職場 or 生活中，可聯想到的類似例子？

07

啟動亮點

寫作時要盡量提供 how 的價值感，要把文字切割到讓對方醍醐灌頂式的理解，想像對面坐著讀者，時刻關注對方怎麼看。

「五商派」寫作心法——

如何寫出好課程

和演講幾乎同等重要的另一種跨層級、大功率、穿透人心的廣播式溝通工具，是寫作。如果說演講是一種同步的、情感豐富的溝通工具，那麼寫作就是一種異步的、無損傳播的溝通工具。演講在現場時影響更深，寫作在時空上影響更遠。這兩種「大規模殺傷性武器」，都是一個人施展自身影響力的重要載體。

應該怎麼練習寫作呢？寫作作為一種「武功」，門派林立。在這裡，我以課程寫作為例，講述「五商派」寫作能力的三大心法：價值感、結構感和對象感。

第一，價值感。

我把課程文章分為三類：what（是什麼），why（為什麼），how（怎麼做）。

寫 what 類課程相對容易，比如解釋一個概念：什麼是「沉沒成本」。寫 why 類課程要難一些，需要連繫動機：我為什麼要理解沉沒成本。寫 how 類課程最難，要和實際應用掛鉤：我怎麼做才能利用沉沒成本，並因此獲益。

why 比 what 有價值感，how 比 why 有價值感。寫作之前，作者要想清楚：是打算讓讀者帶著 what 離開，還是帶著 why 或者 how 離開？有沒有打算付出數倍的努力，逼死自己，提供最難的 how 的價值？

第二，結構感。

一個不克制自己表達欲的人，寫不好課程。為什麼？因為寫作的內核是關注對方怎麼看，而不是自己怎麼寫。優秀的文章是讀者的盛宴，而不是作者表達欲的滿足。願意壓制自己痛快淋漓的表達，用「結構感」這把手術刀，把文字切割到能讓讀者獲得醍醐灌頂式的啟發，才是好作者。

我以《5分鐘商學院》這個課程為例，講解如何在短短五分鐘內使用「起承轉合五步法」的寫作結構。

第一步，場景導入。我幾乎不會用劉備、歐巴馬（Obama）這類人物開場，因為他們離讀者太遠。我會這麼開場：最近工作愈來愈吃力，想退卻，但是孩子在讀學費高昂的國際學校；店裡的衣服已經很便宜了，可客戶還是嫌貴不肯買……發生在讀者身邊的事，最容易使其產生代入感，這就是場景導入。通過場景導入，請求讀者再給我三十秒，繼續聽下去。

第二步，打破認知。在這個場景下，應該怎麼辦？這麼做嗎？不對。那麼做嗎？也不對。「都不對」就是打破認知，讓讀者產生強烈的好奇：到底怎麼做才對呢？這時，讀者或許會慷慨地賜予我兩分鐘：「那聽你說說看吧。」

第三步，核心邏輯。終於要講核心邏輯了，但是，光講道理，讀者不愛看，要用一個極具說服力的案例帶出邏輯。比如，我會先講「二戰」

時盟軍和德軍的故事，最後提煉「這就是倖存者偏誤」。一定要寓教於樂，服務讀者，讓他們「龍顏大悅」：「太享受了，而且你說得很對。那我再給你兩分鐘，讓你接著說。」

第四步，舉一反三。不知不覺，我已經把 what 和 why 講完了，接下來要講最難但最有用的 how。「應該如何避免倖存者偏誤？」列出一、二、三。「應該如何利用倖存者偏誤呢？」也列出一、二、三。這樣，讀者就能夠帶著巨大的價值離開了。

第五步，回顧總結。讀者看了五分鐘，太辛苦了。這時，作者要再用三十秒回顧總結一下要點：用一兩句話把所有要點說清楚，重新強化概念，提煉金句，幫助讀者把概念存放到大腦中最合適的地方。

第三，對象感。

寫作相對於演講，損失了現場感。為了還原現場感、傳遞情緒，作者要掌握一個重要的心法：對象感。想像自己不是對著電腦，而是在與每一個讀者面對面地交談。

具體怎麼做？如果你注意過《5分鐘商學院》的用詞，就會發現很多這樣的表述：「你有沒有遇到過這樣的問題……」、「我想請問你……」

我會克制用「大家」這個詞，而是盡量用「你」，以營造對象感。

除了用「你」之外，用詞還需要適當口語化。比如，「好了，今天我們就講到這裡」。這個「好了」，就是口語化表達，會讓讀者覺得我在和他交談，而不是對著鏡子演講。這就是對象感，和演員對著鏡頭表演時，想像自己正對著觀眾，是一個道理。

要注意一點：我談的寫作，不是讓你成為文學巨匠，而是為了準確傳遞訊息，並獲得最大程度的接受。

掌握關鍵

「五商派」寫作心法

作為一種商業溝通的工具，寫作有很多門派。「五商派」的三大寫作心法是：價值感、結構感和對象感。用價值感要求自己，用結構感切割文字，用對象感伺候讀者，才是好的「五商派」作者。

延伸思考

職場 or 生活中，可聯想到的類似例子？

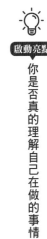

08

你是否真的理解自己在做的事情，能想得非常明白，講得極其清楚？

電梯測驗——

三十秒講清為什麼

一位業務員去客戶公司拜訪業務部王經理，在電梯裡，他碰巧遇到了該公司的張總經理。於是，業務員主動打招呼：「張總好，我是××公司的××，又見面了。」總經理禮貌性地回了一句：「你好，今天你來做什麼啊？」這時該怎麼回答？直接說「我來找業務部的王經理」嗎？如果這樣說，結果只能是總經理「哦」了一聲，然後雙方沉默三十秒，等電梯到了，各走各的路。

業務員可能沒意識到，他剛才浪費了這幾個月以來最重要的三十秒。為什麼？因為他接下來要和業務部的王經理溝通兩三個小時，然後王經理會再花三十秒向張總匯報。而剛才就有三十秒直接向張總匯報的機會，他卻把它浪費掉了。

那要怎麼做呢？應該充分利用這三十秒，有策略地進行溝通，讓張總聽完後忍不住說：「你剛才說的有點兒意思，我給你十分鐘，來我辦公室坐坐。」

這就是來源於麥肯錫的著名的「電梯測驗」：在搭電梯的三十秒內，清晰準確地向對方講明白自己的觀點。電梯測驗是一種極具價值的溝通訓練，不僅因為對方的時間有限，更重要的是，它也在測試：你是否真的理解自己在做的事情，能想得非常明白，講得極其清楚？風險投資機構CTR的羅傑·布瓦斯韋特（Roger Boisvert）說：「在進行商業匯報時，尤其就我本人而言，如果不能通過電梯測試，就不應與任何人討論。」

回到開篇的案例。業務員也許可以說：「張總，我來向業務部王經理匯報我們的一項研究。我們通過數據分析發現，如果按照購買者的七個標籤分類來重組銷售漏斗，六個月之內，銷售業績最多可以提高百分之五十。我們已經把這些標籤更新到CRM（客戶關係管理）系統中了。

我把三個用新系統提升銷售轉化率的經驗整理了一下，來向王經理匯報。」你猜，業務員說完這段話，張總有沒有更大的可能性會請他到辦公室詳細談談呢？

有人認為，三十秒的時間太短，所謂「電梯測驗」都是客戶、投資人等「甲方」強人所難的要求。但是，一則好的電視廣告必須只用十五秒，就要使消費者產生強烈的購買欲望。三十秒的時間足夠播放兩則廣告了。

很多人之所以覺得三十秒短，是因為沒有理解這三十秒到底應該溝通什麼。其實就是一個詞：why。一個結構化的溝通，無外乎講三件事：why，what 和 how。課程寫作的祕訣在於努力回答「how」的問題，而電梯測驗的祕訣在於用三十秒努力回答「why」的問題：給我一個極其充分的理由，讓我願意再多給你十分鐘，詳細聊聊「what」和「how」。

再來看業務員的回答：「六個月之內銷售業績提高百分之五十」，這是一個大大的 why；「購買新版的 CRM 系統」是一個小小的 what；「三個用新系統提升銷售轉化率的經驗」只是一帶而過，但如果總經理有十分鐘，可以再聊聊這個 how。

再舉個例子。投資人常說：「請用一句話講清楚你的商業模式。」很多創業者覺得，自己沒日沒夜地幹了那麼多年，豈是一兩句話就能講清楚的？別急，試試打出「why」這張王牌——「摩根大通每年購買十幾萬小時的文書律師服務，審核貸款合約；我們的人工智慧律師進化了三年多，擁有和律師一樣的判斷力，並把十幾萬小時的審核時間縮短到幾秒；如果能推廣到全球的銀行，將節省不可估量的費用，我們也必將從中獲得巨大收益。」

「把十幾萬小時的文書律師服務時間縮短到幾秒」，這是一個大大的why；「人工智慧律師」是一個小小的what；「進化了三年多」只是一帶而過，但如果投資人有十分鐘，雙方可以接著聊聊這個how。

怎麼練習，才能擁有這種高超的溝通能力呢？其實，網路給了我們一個比搭電梯更好的方法——發微博。普通人的語速大約每分鐘一百六十～一百八十個字，主持人大約兩百五十～三百個字，而一條微博通常只有一百四十個字，如果讀出來，差不多正好三十秒。所以，可以經常發微博，用一百四十個字講清楚大why、小what和一帶而過的how。

掌握關鍵

電梯測驗

又稱為三十秒電梯理論，就是在乘電梯的三十秒內，清晰準確地向對方講明白自己的觀點。這是一種極具價值的溝通訓練。平時可在有字數限制的社群網站上貼文，透過大 Why、小 What 和一帶而過的 How，練習用三十秒發表論述，清楚傳達觀點。

延伸思考

職場 or 生活中，可聯想到的類似例子？

09

如何開會——用時間換結論

啟動亮點

開會的本質是一個商業模式，和一切商業活動一樣，是一個有投入、有產出的經濟學遊戲。

作為一種溝通方式，「開會」跟演講、寫作相比，給人的印象卻不怎麼好。人們往往看了很多「開會指南」，卻依然開不好一個會。

每當遇到方法論層面的困惑，我的習慣是回到這件事的底層邏輯，尋求「第一性原理」。理解到底什麼叫開會（what），為什麼要開會（why），然後再去思考怎麼才能開好會（how）。

那到底什麼叫開會？召開員工大會是開會嗎？一群人開展腦力激盪是開會嗎？向主管匯報工作、業務團隊每天早上的晨會、高階主管組織的部門協調會、和員工的定期溝通是開會嗎？

開會的本質是一個商業模式，和一切商業活動一樣，是一個有投入、有產出的經濟學遊戲。開會的投入是所有與會者的時間成本，開會的產出是一組結論，比如所有人的共識或者與會者的共創。**開會是一個用時間換結論的商業模式**。

為什麼要開會？為了賺錢！用有效的會議，創造出比時間成本更大的結論價值：**會議價值＝結論價值－時間成本**。

理解了 what（什麼叫開會）和 why（為什麼要開會）之後，剩下的 how（怎麼開會）就變得自然而然了：增加結論價值，降低時間成本。

第一，增加結論價值。

開會的第一個結論價值是共識。主管想統一所有人的思想，這叫員工大會；幾個部門在一起各自報告工作進展，這叫通氣會；每天早上溝通當天的價格政策，這叫晨會。這些會議都是為了達成共識。

增加「共識會」結論價值的方法是「能不開就不開」。開會是一個成本極高的同步溝通方式。試試看，能不能用異步溝通方式，比如信件、簡訊、LINE 等達成共識？如果可以，用異步溝通取代開會。

開會的第二個結論價值是共創。一起研究客戶方案應該怎麼做，這叫研討會；公司高階主管閉門幾天討論下一年規畫，這叫戰略會；技術部、市場部激烈碰撞，發散思考下個產品應該如何設計，這叫腦力激盪會。這些會議都是為了促成共創。

增加「共創會」結論價值的方法是用專業的方法開會。比如，「KJ法」（由川喜田二郎提出的一種質量管理工具），以及「六頂思考帽」、「羅伯特議事規則」等，而不是大家坐在一起開聊。

此外，不管是共識會還是共創會，它們有一個共同的原則：跟進。會議之前，充分準備達成結論的資料；會議之中，以達成結論為導向，專注議題、分配時間；會議之後，發出「3W會議紀要」——who do what by when（誰在什麼時間完成了什麼事）。

第二，降低時間成本。

會議時間成本＝每人時間成本×參會人數×會議時間

假設公司員工的時間成本大約是一百元／小時，聚集二十人開一個兩小時的會，會議的時間成本就是四千元（一百元×二十人×兩小時）。

如果公司以出售手機為主營業務，賣一部手機的利潤是四十元，也就是說，公司要多賣一百部手機，才開得起這個會議。

公司每花一分錢都需要財務部簽字，而隨便召開一個小會，四千元的時間成本就花出去了，卻沒有人心疼。美國人每天要開一百萬次會議，每年會議的時間成本高達三百七十億美元，都不需要財務部簽字。

那麼，怎麼降低時間成本呢？

限制參會人數。臉書有一條會議規則：開會時只能訂一張披薩；蘋果公司拒絕無關者參會；谷歌堅持會議人數不要超過八個人。這其實都是透過限制參會人數的方法降低時間成本。

縮短會議時間。亞馬遜召開會議之前，所有人要先讀完文檔資料，不在會上宣講；柳傳志規定，聯想的會議不准遲到，誰遲到誰罰站一分鐘；王健林開會講話，時長誤差不超過五分鐘。這其實都是通過縮短會議時間的方法降低時間成本。

除此之外，還有一些辦法，比如，給會議室訂價、只允許站著開會、開遠端會議、在 LINE 群裡開會等，這些都是降低時間成本的好辦法。

掌握關鍵

如何開會

開會，依然是一種必不可少的溝通工具，它的本質是一個「用時間換結論」的商業模式。有人不喜歡開會，是因為在這個商業模式中，經常虧得血本無歸。應該怎麼做？第一，增加結論價值：盡量少開共識會，用科學的方法開共創會；第二，減小時間成本：限制參會人數，縮短會議時間。

延伸思考

職場 or 生活中，可聯想到的類似例子？

啟動亮點

如果聽者邏輯清晰，能精確地提問，就算講者的邏輯再差，整個溝通的效率也會顯著提升。

10

精準提問——

溝通界的C2B模式

我接受過很多溝通能力訓練，其中最嚴苛的一種當屬「精準提問」了。在這種訓練中，練習者被要求針對隨便一句話，一口氣問出七十個問題。

舉個例子。對方說：「PC（個人電腦）市場不景氣。」我會怎麼精確地提問呢？

「你說的PC指的是什麼？Windows（微軟操作系統）、MacOS（蘋果電腦操作系統），還是Linux（一種可免費使用的操作系統）？桌面電腦、筆記型電腦，還是PC伺服器？包含廣義的PC設備嗎？比如行動裝置、遊戲機、汽車衛星導航等？……」

大部分的溝通，比如演講、寫作等，都是講者發起、聽者接受，由講者邏輯主導的B2C（business-to-customer，從企業到消費者）式溝通。在B2C的溝通模式下，如果講者邏輯混亂，整個溝通的效率就會很差。

而提問是一種聽者發起、講者回答，由聽者邏輯主導的C2B（customer-to-business，從消費者到企業）式的反向溝通。如果聽者邏輯清晰，能精確地提問，就算講者的邏輯再差，整個溝通的效率也會顯著提升。所以，提問是溝通界的C2B。

怎樣才能提出精確的問題呢？

回到開篇的案例。對於「PC市場不景氣」這個陳述，我提的問題不是隨口問的，它們屬於「澄清性問題」。澄清性問題只是「精準提問」這個寶藏式的題庫中，層層遞進的七個「問題抽屜」中的一個。下面，讓我把這七個問題抽屜一一打開。

抽屜一：繼續／中止性問題。

「這是不是我們現在要討論的問題？誰關心這個問題？討論的目的是什麼？你或我是否需要參加這個討論？還有誰需要參加這個討論？討論的重點是什麼？」

這個抽屜裡的問題，其實都是在問：我們是否需要討論這個問題？

抽屜二：澄清性問題。

「××是指什麼？是指……，還是指……？時間、地點、多久一次、什麼比率、什麼範圍？舉個例子，比如……？你是不是在說……？」

這個抽屜裡的問題，其實都是在問：你的意思是什麼？

抽屜三：假設性問題。

「前提假設是什麼？你把什麼當成必然的了？這種情況是否存在？它是不是唯一的？這是好事，還是壞事？」

這個抽屜裡的問題，其實都是在問：你的前提假設是什麼？

抽屜四：質疑性問題。

「你怎麼知道的？你從哪裡聽說的？此人的可信度如何？是否有數

據支持？數據是否可靠？有哪些可行選項？在什麼範圍內？誰來做？」

這個抽屜裡的問題，其實都是在問：你怎麼知道你是對的？

抽屜五：緣由性問題。

「什麼引起的？為什麼會發生？觸發事件是什麼？根本原因是什麼？驅動因素是什麼？抑制因素是什麼？它是怎樣起作用的？機制是什麼？當……出現時，會發生什麼？這是事情的起因，還是僅僅是相關因素？」

這個抽屜裡的問題，其實都是在問：是什麼導致了這個結果？

抽屜六：影響性問題。

「結論是什麼？成果是什麼？所以呢？這是短期效應，還是中期或者長期效應？哪種是最好的情形？最壞的情形是怎樣的？最可能是怎樣的？有哪些意外後果？是積極的，還是消極的？」

這個抽屜裡的問題，其實都是在問：會帶來什麼影響？

抽屜七：行動性問題。

「我們應該做什麼？怎樣應對？與誰合作？什麼時間完成？這是不

是意味著解決了根源問題？是否全面？是否有應對風險的策略？是否有支援？」

這個抽屜裡的問題，其實都是在問：應該採取什麼行動？

七個問題抽屜已經打開。再回到開篇的案例，對於「PC市場不景氣」這個陳述，一口氣能問出哪七種問題呢？

「PC市場景氣不景氣，是我們迫切需要討論的問題嗎？你說的PC，包含了廣義的PC設備嗎？比如行動裝置、遊戲機、汽車衛星導航等？不景氣，這是好事，還是壞事？不景氣的具體數據如何，數據來源又是什麼？不景氣的根本原因是什麼？會帶來哪些短期、中期和長期的影響？誰，應該在什麼時候，採取什麼應對措施呢？」

這就是精準提問。對方也許原本要花兩個小時講述觀點，現在透過回答結構化的精準問題，可能只要十五分鐘就能回答清楚了。

掌握關鍵

精準提問

精確的提問建立在層層遞進的七個問題抽屜之上，是由聽者邏輯主導的C2B式反向溝通，用以大幅提升溝通效率。這七個問題抽屜是：繼續／中止性問題、澄清性問題、假設性問題、質疑性問題、緣由性問題、影響性問題和行動性問題。

延伸思考

職場or生活中，可聯想到的類似例子？

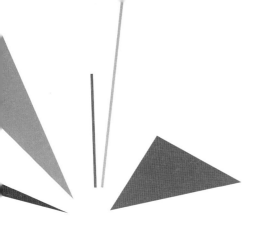

第5章

談判

01 定位調整偏見－讓自己還是對方先開價

02 權力有限策略－受限的談判權更有力量

03 談判期限策略－月底和月初付款，有什麼不同

04 出其不意策略－抽掉大廈最底層的一塊磚

05 雙贏談判－「我們都要多拿」的第三選項

01

啟動亮點

開價的技巧，在於你可以提出一個極端到令人難以接受的開價點，你愈漫天要價，對方愈是有可能把你真正的要價看作讓步。

定位調整偏見——

讓自己還是對方先開價

在商業世界中，交易雙方掌握著並不對稱的訊息，為了獲得最大的個體利益或整體利益，常常需要通過談判來達成雙贏或妥協。這種在訊息不對稱、利益不一致情況下的特殊溝通能力，就是談判能力。

比如，某人看中一件清朝古董，但是售價非常高。這是一種典型的訊息不對稱情況，買家不知道底價是多少，買賣雙方的利益也不一致，買家希望愈便宜愈好，賣家則正好相反。怎麼辦？賣家可能會指指旁邊的唐朝古董，告訴買家「那個更貴」——很明顯，他在運用「價格錨點」

策略，讓買家覺得清朝古董並不算貴。賣家還會說：「古董是投資品，愈來愈值錢，不像汽車這類消費品，到手就掉價一大半。」——他這是在運用「心理帳戶」策略，試圖把古董從買方的消費帳戶挪到投資帳戶裡。

買方應該如何應對？可以運用「定位調整偏見」。

社會心理學家曾做過一個試驗：在召集會議時，先讓人們自由選擇座位，然後請他們到室外休息片刻，再進入室內入座。如此五六次之後，試驗人員發現，多數人都選擇了他們第一次坐過的座位。大家都被心理上的「錨」定在了那個位置上，一旦「錨定」，後面的各種討論、決策都容易受此影響。

回到古董的案例上，買家怎樣才能便宜地買到那件古董呢？

法國文豪大仲馬（Alexandre Dumas）有過一模一樣的遭遇，他是怎麼做的呢？他先找了兩個朋友到店裡逛逛，假裝要買古董。第一個朋友開了一個不可思議的低價，賣家憤然拒絕。過了一會兒，第二個朋友也進店裡，開了一個差不多的低價，賣家很不樂意，但是語氣中有了商量的餘地：「這也太低了，你再高一點兒吧？」這時，賣家的定價已經被從高位強行拉下來，壓在了一個很低的價位上。接著，大仲馬出場，他在第二個朋友的價格上稍微加了些錢，就順利買下了古董。

> 把談判戰場直接定位到對方的底線，然後在此定位附近小範圍拉鋸，這種透過定位效應獲得對自己有利的談判結果的方法，就叫做定位調整偏見。對方只能在定位附近波動，很難調整定位本身。

如何運用定位調整偏見？記住三個原則。

第一，爭取先開價。

很多人在談判時喜歡問對方：「你覺得多少錢合適？」假如你的底線是二十萬元，而你希望對方開出三十萬元——這種情況在真正的談判中幾乎不會發生。讓對方先開價，就是給對方使用定位調整偏見的機會。他可能會報五萬元，直接把談判戰場定位到你的底線以下。

第二，愈極端愈好。

大仲馬用的就是極端報價策略，把談判「錨定」在了低價區間。反過來，賣家也一樣。非常高的價格就是「錨」，一是穩定住了自己的贏利空間，二是為顧客創造出虛幻的「折扣」和「優惠」，讓顧客對自己爭取到的「低價」產生成就感。

在商業談判中，極端報價有時還可以超越價格，用在一些其他的「等價條件」上，比如工作範圍、專案工期、品質標準等。可以試著在等價條件上，提出「無理要求」。比如，甲方說：「價格我們先放一邊，但這個專案，我希望能在三十天內完成。」乙方心裡叫苦不迭：「這是一個計劃半年完成的專案啊！」其實，甲方真正在乎的還是價格。然後，甲方可以在專案工期、工作範圍、品質標準上一點點艱難地讓步，讓乙方用別的條件「買」回去。比如，甲方說：「我可以降低一些質量標準，從六標準差降為五標準差，但是需要在預算裡扣除質量準備金。」

第三，留還價餘地。

談判時要避免一種情況：你開了一個看似毫無誠意的價格，對方一怒之下拂袖而去，生意沒了。所以，在開價之前要提醒或暗示對方，這個價格還是有商量餘地的。這樣，對方即便覺得你的價格很荒唐，也會在他心中錨定，從而影響下面的談判。

美國前國務卿亨利・季辛吉（Henry Kissinger）曾說過：開價的技巧，在於你可以提出一個極端到令人難以接受的開價點，你愈漫天要價，對方愈是有可能把你真正的要價看作讓步。

掌握關鍵

定位調整偏見

定位調整偏見是一種談判技巧，利用先入為主的定位效應，把價格談判或者條件談判直接錨定在對方的底線附近，然後拉鋸。在資訊不對稱、利益不一致的談判中，定位調整偏見可以為自己爭取最大利益。具體有三個原則：一、爭取先開價；二、愈極端愈好；三、留還價餘地。

延伸思考

職場 or 生活中，可聯想到的類似例子？

02

權力有限策略——受限的談判權更有力量

啟動亮點

對不起，雖然我理解你的立場，但是你的要求實在太過分了，我沒有權力答應你。

一個人決定買輛車，他去4S店*看了很多車，終於訂下了型號、配置，接下來就該討價還價了。業務都是經過談判培訓的，買方也不甘示弱，一上來就採用「定位調整偏見」，開出一個極低的價格，打算跟對方在底線附近展開拉鋸。業務處變不驚，不斷用各種贈送服務來換取價格的提升。最後，雙方終於在談到一個價格點時，差不多就要成交了。這個時候，買方應該怎麼辦？是拍桌子說「簽約」，然後開車走人嗎？

不是。買方可以對業務說：「你真是厲害，我被你說服了，就這樣定了吧。但我還得打個電話，跟單位主管請示一下。」啊？買車還需要跟主管請示嗎？其實，這無關組織架構的問題，只是一種談判技巧而已，叫做「權力有限策略」。

什麼是權力有限策略？

權力有限策略就是告訴對方：我後面還有一個「不露面的人」，他才是最終的決策者。雖然我有足夠大的談判權力，但如果談判條件超出了我的權限，我還是需要向他請示。

回到買車的案例上，買方可以隨便打個電話糊弄一下，然後愁眉不展地告訴業務：「主管覺得太貴了，他讓我再看看別家。你給我留個電話吧，我再找你……」這時候，業務的心裡一定會像針扎一樣，他可能會說：「你等等，我也打個電話問問主管，看能不能幫你爭取一張加油卡……」

這就是權力有限策略。通俗地說，就是「對不起，雖然我理解你的

＊4S店，指集合了整車銷售、零配件、售後服務和資訊反饋的汽車銷售服務店。

立場，但是你的要求實在太過分了，我沒有權力答應你」。這種外表柔軟、內心堅定的拒絕，常常會使對方大傷腦筋。和全權談判相比，受限的談判權力會更有力量，更容易使談判者處於有利狀態。

應該怎麼利用權力有限策略呢？可以從四個方面主動限制自己的談判權力：金額、條件、程序和法律。

第一，金額的限制。

買車案例就是典型的金額限制——「主管覺得太貴了」，這是最常用的權力有限策略。它給談判設定了一個最低目標，比如「成交價格最多不能超過××」，並用「我要向主管請示」作為盾牌，保護這個目標。

如果對方只願意和有決定權的人談判，怎麼辦？

很多人喜歡在名片上印「董事長兼CEO」的職銜，雖然看上去很高級，但會讓自己在談判的時候失去退路。可以試著在名片上印「創始合夥人」，它同樣表示你有談判的資格，但遇到艱難問題時，也能有餘地跟對方周旋：「這個問題很重大，我必須尊重其他合夥人的意見。請稍等，我去打個電話。」

第二，條件的限制。

比如，你可以大方地說：「金額可以談，但是『服務費用占開發費用的百分之十五』這個條件沒得談，因為它關乎專案的最終品質。要打破這個原則的話，我們只能回去開會討論了。」

相對於金額限制，條件的限制更容易被對方理解和接受。

第三，程序的限制。

比如，你跟對方說：「我可以原則上答應你，但所有新產品上線都要營運部門簽字同意。我把我們剛剛談完的參數指標整理一下，請營運部門今晚加班看一下，明天給你最終答覆。」這就是用程序的限制獲得回轉餘地。

第四，法律的限制。

比如，你可以這樣說：「我們必須合法經營。剛才的條款，我全部同意，但還有一些合規性的擔心。法遵部門的要求通常都很嚴格，我要請他們在不改變條件的前提下，重新看一遍條款。」

法遵部、財務部、法務部等，常常為公司背黑鍋。但是，他們卻可以成為權力有限策略中非常重要的「不露面的人」。

掌握關鍵

權力有限策略

藉由設定一個真實或虛構的「不露面的人」，限制自己談判的權力，從而給予自己在關鍵問題上，外表柔軟、內心堅定地說「不」的能力，讓對方傷腦筋，做出最大可能的讓步。運用權力有限策略有四種方法：一、金額的限制；二、條件的限制；三、程序的限制；四、法律的限制。

延伸思考

職場or生活中，可聯想到的類似例子？

啟動亮點

要充分利用時間對雙方的不對等價值，爭取談判優勢。

03

談判期限策略——

月底和月初付款，有什麼不同

假設，前一篇案例中的4S店的業務說：「我幫您跟主管申請了一萬元的加油卡，這可是從來沒有過的優惠啊！」這時買方應該怎麼做呢？如果繼續要求業務降價，就顯得太沒誠意了。

每一個階段性的談判成果都要承認，絕不能沒有理由地推倒重來，否則會立刻失去談下去的基礎。

買方可以說：「太好了，我現在就付訂金。不過，我們公司月底才發薪資，我下個月一號再付全額，行不行？」這個要求並不過分，但是業務可能會立刻變臉色，因為在他心中，這筆訂單是有一個談判期限的。

很多公司激勵業務團隊的方式是「薪資＋獎金」，獎金有計算期限，公司往往按照月度或季度計算和發放獎金。同一個訂單，月底成交和月初成交，獎金的差別巨大。所有業務，都有一個週期性的談判期限。

因此，4S店的業務很可能說：「我這個月底衝業績，您就當幫我一個忙，今天付全額吧！」只要買方稍微露出為難的樣子，業務或許就會再送一些小禮品。

這就是「談判期限策略」，充分利用時間對雙方的不對等價值，獲得談判優勢。

怎麼才能利用好談判期限策略呢？有兩個方法：戰略延遲和最後期限。

第一，戰略延遲。

案例中汽車買家用的就是戰略延遲法。如果把時間拖得愈久，就對對方愈不利，就可以採用這種方法。直到對方迫於時間壓力，必須盡快達成共識時，另一方就獲得了談判的優勢地位。

一個德國代表團去日本進行為期四天的訪問談判。當日本人瞭解到，德國人已經買了週五回國的機票後，他們就邀請德國代表團參觀日本，以盡地主之誼。結果，前三天都在旅遊觀光。到了第四天，雙方終於坐上了談判桌，日本人搬出堆積如山的資料，請德國代表團仔細查看。德方還沒來得及看完資料，簽約就迫在眉睫了。如果不簽，這麼高規格、大規模的代表團來到日本，卻空手而回，沒法交代。所以，德方只好在保證基本利益的前提下，忽略很多細節，匆忙簽訂協議。日本人充分利用談判期限策略，獲得了巨大的談判優勢。

所以，談判之前，要充分瞭解對方的談判期限。這個期限可能是：對方國家的節假日，比如耶誕節；對方公司的現金流，這會決定下一輪融資的最晚時間；對方鎖死的發布會日期；軟體平臺上線日期等。

第二，最後期限。

假如延遲時間對自己更不利呢？可以反向使用談判期限策略，設定最後期限。比如：「我們同意降低百分之十的價格，但前提是你們今天就能簽約。否則，這個基於你們誠意的讓步，我們只能收回。」這就是最後期限：把時間的壓力放到對方身上。

李・艾科卡（Lee Iacocca）是美國汽車界的巨頭，他接手克萊斯勒的爛攤子時，決定把工人的薪資從每小時二十美元降低到每小時十七美元。工會當然拒絕接受，談判一直沒有結果。某天晚上十點，艾柯卡與工會代表進行了最後談判：「我希望你們能做出最後的決定，如果不同意十七美元的薪資，我明天早上只能宣布公司破產。給你們八個小時的時間考慮。」工人們聽到破產的最後期限，連夜開會，最終接受了艾科卡的條件。艾柯卡使用的就是最後期限法。

掌握關鍵

談判期限策略

就是利用時間對雙方的不對等價值，獲得談判優勢，如果延長談判時間對自己有利，就用「戰略延遲」法；如果延長談判時間對對方有利，就用「最後期限」法，倒轉優劣勢。

延伸思考

職場 or 生活中，可聯想到的類似例子？

啟動亮點

打破對方的談判邏輯，擊穿對方的心理防線，讓對方立即處於談判劣勢。

04

出其不意策略——抽掉大廈最底層的一塊磚

審訊和庭審是一種特殊形式的「談判」。在小說、電影裡，經過訓練的警察或律師會循循善誘，讓犯罪嫌疑人不斷為編撰的故事描繪細節，構建摩天大廈，然後在關鍵時刻甩出證據，抽掉大廈最底層的一塊磚，使其轟然倒塌。這種特殊的談判策略叫做「出其不意策略」。

出其不意策略也可以用在商業談判中：打破對方的談判邏輯，擊穿對方的心理防線，令其立刻處於巨大的談判劣勢中。

舉個例子。採購方希望系統整合商能夠大幅度降低軟體開發費。透過調查，採購方發現，對方專案人員清單上列舉的幾個核心技術人員，其實一直深陷其他專案，無法脫身。那麼，談判時採購方可以問：「清單上的幾個資深技術專家會全職參與我們的專案嗎？」如果對方毫無防備，回答說這些專家會優先參與，採購方就有了口實：「據我所知，技術專家××剛剛參與了A專案，要到五月分結束；他還參與了B專案，六月分結束；還有C專案，七月分結束……你怎麼讓他全程參與我們的專案呢？」

這就是**出其不意策略**：在關鍵時刻，突然拋出對方以爲你不知道的、無可辯駁的新訊息，讓對方驚訝之餘不知如何應對。這時，你再提出條件，就很容易被接受。

應該如何利用出其不意策略，獲得談判優勢呢？需要理解該策略的三種用法：吃驚、撤退和轉身就走。

第一種，吃驚。

上述案例用的就是「吃驚」法：告訴對方，你掌握了無可辯駁的證據，或者知道一些他以為你不知道的事情，從而讓對方大吃一驚。

運用「吃驚」法，最好的時機是臨近談判結束，比如四天談判會的最後一天。對方突然亂了陣腳，卻沒有足夠時間重新組織談判策略。這就是所謂的「正兵貴先，奇兵貴後*」。

第二種，撤退。

當對方有A、B兩個方案，而你更喜歡A方案的時候，可以試著先圍繞B方案窮追猛打，讓對方以為你對B方案志在必得，從而把A方案列為備選項。然後，你可以及時撤退，選擇A方案。這就是「撤退」法。

比如，採購方說：「還是法國的酒好，我不太喜歡澳洲這些新世界的酒。我多買一些法國紅酒，能不能便宜賣？」當雙方就法國紅酒討價還價，僵持不下，幾乎要談不下去的時候，供貨方很可能會把澳洲紅酒作為「品質錨點」：「澳洲紅酒便宜很多，但是品質你看不上啊！」這時採購方趕緊追問能便宜多少。如果供貨方料定採購方不會買澳洲紅酒，或許會給出一個低價，以襯托法國紅酒的價值。然後，採購方就可以撤退了：「好吧，那就買澳洲紅酒吧！」

第三種，轉身就走。

這是一種最常用的出其不意策略。比如在旅遊景點，每天都有上百萬人會問：「多少錢？這麼貴？」然後轉身就走。

但是很多人會發現，這一招並不好用。大多數情況下，賣家不會把顧客拉回來，而顧客也不好意思折回去再買。這是因為很多人都忽視了，「轉身就走」法有一個重要前提：對方認為你一定會買，這時候轉身就走，才會有出其不意的效果。

具體怎麼做呢？讓對方投入大量時間和精力，也就是付出最大的沉沒成本，比如，詢問各種問題，不斷和對方討價還價，最後再問價格。不管對方說出多少錢，你都要表現得大吃一驚，然後轉身就走——這才能出其不意。

＊出自《尉繚子》，指擔任明攻的部隊先行動，發起暗中突擊的部隊在後。

掌握關鍵

出其不意策略

就是要在關鍵時刻，突然拋出對方以為你不知道的、無法辯駁的新訊息，讓對方在驚訝之餘無法即時應對，這時你提出的條件就很容易被接受了。出其不意策略有三種用法：第一，吃驚；第二，撤退；第三，轉身就走。

延伸思考

職場 or 生活中，可聯想到的類似例子？

05

雙贏談判——「我們都要多拿」的第三選項

啟動亮點

除了「我多拿一元，你少拿一元」的談判外，還可以透過做大增量或者互補存量，使雙方的整體福利最大化，達到雙贏。

談判有兩大流派：零和談判和雙贏談判。

很多談判都是零和談判，比如房產出售、商品買賣等，「我多拿一元，你就必須少拿一元」。前面介紹的定位調整偏見、權力有限策略、談判期限策略和出其不意策略，都是教人如何在零和談判中獲得最大的利益。

但是，還有一個流派相信：在更多的談判場景中，「我多拿一元」不是必然要以「你少拿一元」為代價的，比如戰略合作談判、投資條款談判等。這種談判的目的是雙贏，這種談判就叫做「雙贏談判」。

比如，某服裝連鎖店的老闆發現，一家店的店長做得很不錯，但他知道店長對薪水並不滿意。終於有一天，店長以生活壓力大為由，向老闆提出加薪百分之五十的要求。老闆心裡盤算著：首先，不能隨便給任何一個主動提出加薪的店長加薪，否則大家會紛紛效仿；其次，如果答應了店長的要求，處於盈虧平衡點附近的這家單店，可能面臨虧損風險。

這時，老闆應該怎麼和店長談判呢？運用定位調整偏見，先把漲薪幅度壓到百分之五，然後一點一點加到百分之八？或者運用權力有限策略，說「這件事我決定不了，公司流程就是這麼規定的」？還是運用談判期限策略，說「我們都再想想」，然後培養一個新助手，減少店長的談判籌碼？又或者運用出其不意策略，對店長說「我調查過了，你的生活壓力根本不大」？

都不對。企業和員工之間，本質上是一種追求雙贏的合夥關係，不應該把彼此置於零和談判的關係中。如果內部博弈就可以獲得單方面收益，那麼不管今天談出什麼結果，過幾天員工還會再來談，永無止境。企業和員工之間必須建立一種雙贏談判的關係。

老闆可以對店長說：「每家單店的經營，最終都要看利潤。現在，你負責的店每月利潤穩定在兩萬元左右，如果給你漲薪百分之五十，它立刻就變成虧損了。我們把兩萬元當成每個月的正常利潤，從下個月開始，單店利潤超過兩萬元的部分，你和團隊拿百分之六十，公司拿百分之四十。至於這百分之六十怎麼分配，由你來決定，好不好？」

這就是雙贏談判：除了「我要多拿」的第一選項和「你要多拿」的第二選項，談判雙方共同尋求「我們都要多拿」的第三選項。

怎樣才能盡可能和對方達成雙贏談判呢？有兩個基本的思路。

第一，做大增量。

雙贏談判的目的不是分大餅，而是把餅做大，是在不損害他人的前提下，改善自己或者彼此的共同利益。這種整體獲益更多的狀態又叫「帕雷托最適」（Pareto Optimality，或譯帕雷托效率）。

回到加薪的案例上，老闆和店長談的就是「第三選項」——超額獎金，即通過做大增量的方法，尋求帕雷托最適。

雙贏談判的本質就是不斷尋找帕雷托最適。

第二，互補存量。

《5分鐘商學院》課程有一個重要的合作夥伴——東方航空。在東方航空的機上雜誌《翼貓》的每一期中，都有兩頁《5分鐘商學院》的內容，以及用「東方萬里行」的積分兌換課程全年訂閱的 QR Code。如果按照廣告來計價，這兩頁展示會非常昂貴。但是，因為東方航空也需要優質的雜誌內容，所以經過雙贏談判，東方航空決定免費刊登。

再比如，《5分鐘商學院》課程每週日都會為學生提供獎品。這些獎品是我們經過雙贏談判，由企業免費為學生提供的。

掌握關鍵

雙贏談判

並不是所有的談判都是「我多拿一元，你就必須少拿一元」的零和談判，也有在不損害他人的前提下，改善本身或者彼此共同利益的雙贏談判。這樣的談判結果，又稱「帕雷托最適」，即讓雙方的整體福利最大化。具體的做法有：第一，做大增量；第二，互補存量。

延伸思考

職場 or 生活中，可聯想到的類似例子？

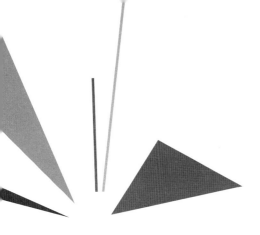

第**6**章

創新與領導

01　減法策略－靈感就在盒子裡

02　除法策略－形式為先，功能次之

03　乘法策略－空氣清新劑乘以二等於？

04　任務統籌策略－向《絕地救援》學創新方法

05　屬性依存策略－給屬性裝一根進度條

06　領導力：專－「威脅、此刻、重要」的力量

07　領導力：小－寶僑為何砍掉近一半的品牌

08　領導力：變－怎樣修練一顆變革之心

09　領導力：快－網路時代，快魚吃掉慢魚

10　領導力：遠－盡可能接近未來的推理能力

啟動亮點

創新恰恰源於對思想的制約，而非放任。

01

減法策略——靈感就在盒子裡

二〇一六年七月，我帶領二十多位企業家去「創業的國度」以色列遊學，參訪了很多著名的企業，並在有「中東哈佛」之稱的希伯來大學學習了四天，這段經歷讓我深受震撼。

以色列的國土面積比不上一座哈爾濱市，人口數量也不如保定多，但其創新綜合實力卻在全球排名第二，上市公司數量比中、日、韓三國加起來還多。這是個真正的「大眾創業，萬眾創新」的國家。可是，為什麼一個彈丸之地，能有如此大的創新能量？如果說創新源自靈感閃現的話，是上帝給了他們更多的靈感嗎？

靈感，確實是創新的源泉。在過去，人們傾向於把靈感神祕化、偶然化，甚至擬人化。但是，以色列創新研究院常務理事阿姆農・列瓦夫（Amnon Levav）不這麼認為。他說：創新可以複製，靈感可以生產。他與夥伴們一起提出了著名的「系統創新思維」（systematic inventive thinking）。

很多人一提到創新，就會想到「跳出框架的思考」（out-of-box thinking）。而系統創新思維認為，創新恰恰源於對思想的制約，而非放任。**限定一個框架，然後在框架內尋找答案，遠比漫無目的地發散思維或靜候靈感降臨更有效。**

美國創新專家德魯・博依（Drew Boyd）把系統創新思維的理論寫成了一本書 *Inside the Box*。這本書的簡體中文版翻譯為《微創新》*，其實不太準確，也許叫「框架內創新」更傳神，因為「靈感就在盒子裡」，不用到外面去瞎找。

*此書繁體中文版譯為《盒內思考》。

有一家叫 Vitco 的洗衣精公司想研發創新產品，擴充自己的生產線。可是，創新的靈感從哪裡來呢？等著蘋果砸到頭上嗎？不，他們不打算把創新交給偶然，而是決定使用系統創新思維五大策略中的「減法策略」，來「生產」靈感。

第一步，列出產品的組成部分。洗衣精的組成部分有三樣：用來去汙的活性成分、香精和增加黏性的黏著液。

第二步，刪除其中一種成分，最好是基礎成分。還有什麼比用來去汙的活性成分更基礎的呢？那就減去活性成分吧。

第三步，想像這樣做的結果。洗衣精中只剩香精和黏著液了，這樣的洗衣精能洗乾淨衣物嗎？難道這就是減法策略生產出來的靈感？

第四步，明確這種產品的優勢和市場定位。員工們努力不讓「不可能」三個字脫口而出，開始集思廣益。有人想到，活性成分雖然能洗淨衣物，但也會損傷衣物，導致掉色，所以去掉活性成分後，衣服的使用壽命會延長！有的衣服其實並不髒，清洗的目的只是為了讓衣服看上去更新。有這種需求的人，可能會是新產品的目標受眾。可是，按照行業規定，洗衣精必須含有最少劑量的活性成分，怎麼辦？Vitco 的總裁靈機一動：那就不叫洗衣精，新產品叫「衣物清新劑」吧！

至此，Vitco 公司創造了一款就算最狂野的腦力激盪也未必能想出來的創新產品：沒有去汙成分的洗衣精——衣物清新劑。後來，僅寶僑一家公司，每年從衣物清新劑中的獲利就超過十億美元。

手機的創新靈感可以用減法策略嗎？比如，手機的組成部分包括：螢幕、鍵盤、電路板和電池。如果把鍵盤減掉會如何？摩托羅拉用減法策略，發明了沒有鍵盤的手機 Mango，也就是兒童手機，只能接聽，不能撥打。Mango 成為當年最具創意的十二個行銷策略之一。

錄音機的創新靈感可以用減法策略嗎？錄音機的組成部分包括：磁帶盒、錄音模組、播音模組和喇叭。井深大（索尼創始人之一）要求索尼公司開發一款減掉錄音模組和喇叭、不能錄音的錄音機。一開始，大家心裡都沒有底，覺得能賣五千臺就不錯了。誰也沒料到，新產品推出兩個月就賣了五萬臺，之後的全球銷量甚至超過了兩億臺。這款劃時代的產品就是 Walkman（隨身碟）。

掌握關鍵

減法策略

減法策略是系統創新思維的五大策略之一。運用減法策略的方法是：第一，列出產品的組成部分；第二，刪除其中一種成分，最好是基礎成分；第三，想像這樣做的結果；第四，明確這種產品的優勢和市場定位。

延伸思考

職場 or 生活中，可聯想到的類似例子？

02

除法策略——形式為先，功能次之

啟動亮點

理解如何用方法打破固有思維框架，才能從方法論的表面下沉到底層邏輯。

減法策略是系統創新思維的五大策略之一，是通過去掉框架內的一個基礎成分來獲得靈感、產生創新的方法。它的第一性原理，是用方法打破固有思維框架。

系統創新思維的第二個策略是除法策略。德魯．博依在《微創新》一書中寫到一個案例：有一次，德魯給奇異做關於系統創新思維的演講。奇異的精英們並不接受「創新方法」的說法，於是發起挑戰，讓德魯「生產」一個冰箱創新的靈感。德魯並不瞭解冰箱的生產製造，但是有方法啊！他決定用除法策略，帶領大家試試看。

●第一步，和減法策略一樣，列出產品的組成部分。冰箱的主要物理組成部分包括：門、隔板、燈泡、製冰盒和壓縮機。

●第二步，用功能型除法、物理型除法或保留型除法，分解產品。比如「壓縮機」這個部分，如果不放在「冰箱」這個框架裡，還能放在什麼別的框架裡嗎？這個想法雖然很顛覆，但是，強大的固有思維框架會被方法打破，靈感產生了。

●第三步，重新組合產品。那些原本對「創新方法」不屑一顧的人開始陷入思考。「要是把壓縮機放到屋子外面呢？」於是，一種新的產品形態出現了。

●第四步，和減法策略一樣，明確這種產品的優勢和市場定位。「把壓縮機放到室外，屋裡會安靜得多」、「屋裡的熱量會減少」、「維修方便」、「冰箱內部容量會變大」、「可以用一臺外置的壓縮機，冷卻不同位置的、冰箱之外的東西」、「可以把抽屜變成存放雞蛋的冰格」、「還可以有單獨的蔬菜櫃和飲料架」、「甚至可以對廚房做個性化訂製」……一個簡單的方法就能打破固有思維框架，一個小小的靈感就能點燃如此多激情澎湃的創新。

- 第五步，有沒有可行性，如何提高可行性？幾年後，市場上真的出現了脫離冰箱主體的獨立冰鎮抽屜，其中包括奇異 Hotpoint（家電品牌）系列的抽屜型電器。

這就是系統創新思維的除法策略。除法策略就是把產品分解成多個部分，再把這些部分重新組合，產生新的形式。根據「形式爲先，功能次之」的邏輯，接著分析這種新形式帶來的好處，倒推出功能。它和減法策略一樣，能夠生產靈感，激發創新。

那麼，除法策略有哪些具體的用法呢？

第一，功能型除法。

空調有哪幾個功能？恆溫器、控制器、風扇和製冷系統。如果把這四種功能分解，並重新組合呢？恆溫器，掛在客廳牆壁上，自動調節溫度；控制器，做成遙控器App，裝在手機裡；風扇，掛在牆上或者裝進吊頂裡，隱藏起來；製冷系統，掛在室外，甚至和冰箱共用一臺壓縮機。這樣，家裡就有了一套「看不見」的空調。到了冬天，冰箱的散熱還能給客廳供暖。

第二，物理型除法。

飲料有哪幾個物理部分？水和食用香精。如果把這兩個功能分解並重新組合呢？比如，水依然裝在飲料瓶子裡，而把食用香精放在吸管裡呢？這樣就可以通過不同的吸管，喝到草莓味、巧克力味等不同口味的飲料了。

第三，保留型除法。

能不能保留原產品的功能和特性，把產品按原樣縮小呢？比如，從空間上縮小。把電腦的存儲空間縮小，再縮小，就得到了隨身攜帶的隨身碟。如果從時間上縮小，把酒店的收益權分成五十二週，人們可以購買其中一份，自用或者出租都行，於是就有了「分時酒店」。

掌握關鍵

除法策略

除法策略，就是把產品分解成多個部分，再把這些部分重新組合，產生新的形式，根據「形式為先，功能次之」的邏輯，接著分析這種新形式帶來的好處，倒推出功能。用除法策略生產靈感的方法有五步：第一步，列出產品的組成部分；第二步，用功能型除法、物理型除法或者保留型除法，分解產品；第三步，重新組合產品；第四步，明確產品的優勢和市場定位；第五步，解決可行性問題。

延伸思考

職場or生活中，可聯想到的類似例子？

03

啟動亮點

減法是刪除，除法是重組，乘法是複製。

乘法策略——空氣清新劑乘以二等於？

系統創新思維中，打破框架，生產靈感的第三大方法是「乘法策略」。乘法策略和減法策略、除法策略的基本方法一樣，第一步都是把產品分解成組件，只是在第二步用組件生產靈感的方向上略有不同：減法是刪除，除法是重組，乘法是複製。

《微創新》一書的另一位作者傑科布．高登柏格（Jacob Goldenberg），曾被評為「十大可能改變世界的人物之一」，並登上《華爾街日報》頭條。寶僑公司在聽完傑科布的一次演講後，決定邀請他為旗下品牌組織一次創新工作坊。以色列創新研究院常務理事阿姆農．列瓦夫主持了工作坊。這一次，他們的創新目標不是衣物清新劑，而是空氣清新劑，採用的正是乘法策略。

- 第一步，先分解，列出產品的組成部分。空氣清新劑並不複雜，其實就是用電熱絲加熱一瓶香精，主要組成部分包括：液態香精、容器、外殼、插頭以及電熱絲。
- 第二步，選擇其中一樣進行複製。用乘法策略來創新，其核心靈感就來自複製其中一個組成部分。比如，他們選擇了複製「容器」。
- 第三步，重新組合產品。這麼一來，他們就得到了兩瓶空氣清新劑，但還是只有一個電熱絲。這個靈感聽上去讓人有點沮喪，但是別急，還有第四步。
- 第四步，明確這種產品的優勢和市場定位。用「形式為先，功能次之」的邏輯來分析：兩瓶空氣清新劑加上一個電熱絲，有什麼用呢？大家開始動腦筋：「如果一個空氣清新劑配兩個香水盒……那兩個盒子裡，可以放不同的香水啊！」、「可是為什麼會有人需要兩種不同的香水呢？享受氣味混搭的感覺嗎？」這時，有人想到：「是否可以在不同時間段散發不同的氣味呢？」一種氣味散發久了，人們就會習慣，感覺不到香氣了，這時如果換一種氣味，會重新喚醒人們的嗅覺，再次聞到清香。這樣，兩種香氣交替散發，一整天都會神清氣爽！

• 第五步，有沒有可行性，如何提高可行性？大家覺得上述想法很可行，於是開始改進方案，最終變成：一瓶除臭劑加一瓶清新劑，交替加熱，散發香氣。

幾個月後，寶僑公司發布了新產品「風倍清提神清新劑」，立刻風靡市場，銷量幾乎是寶僑其他空氣清新產品的兩倍。

瞭解了減法策略、除法策略和乘法策略，有人可能已經發現，看上去強大的系統創新思維其實一點都不神祕。如果說 Out-of-Box Thinking 是讓人「超越框架」，那麼 Inside-the-Box Thinking，即系統創新思維，就是教人「打破框架」。超越框架和打破框架並不矛盾，它們都是對固有框架的破壞。很多理論給了人們「超越框架」的雞湯，卻沒有給勺子。而系統創新思維則教給人們「打破框架」的方法。

在乘法策略的方法中，分解後再複製一個組件，還可以怎麼應用呢？比如，對於刮鬍刀行業來說，一九七一年是具有劃時代意義的一年。

自從發明刮鬍刀以來，一直都用的是單鋒刀片。一九七一年，吉列公司推出了雙鋒刮鬍刀，革命性地取代了傳統單鋒刀片，使男士的刮鬍體驗有了巨大飛躍。這一創新甚至觸發了刮鬍刀行業的「刀鋒大戰」：三個刀鋒、四個刀鋒、五個刀鋒層出不窮，到現在已經有六個刀鋒了。一個小小的乘法策略，對刮鬍刀行業產生了巨大影響。

再比如照明行業，需要在電燈裡放三個燈泡嗎？不一定。可以試試做個「三路燈泡」，即一個燈泡裡放兩根鎢絲，一根二十五瓦，一根五十瓦。用戶按一下開關，只開二十五瓦；再按一下開關，只開五十瓦；再按一下開關，兩根全開，就是七十五瓦；再按一下開關，都關了。這就是全新的「三路燈泡」。

還有手機行業，能不能做兩個攝影鏡頭呢？基於這個創意，現在市場上已經出現了能自拍的手機。那麼三個攝影鏡頭呢，前置一個，後置兩個？後置的兩個攝影鏡頭能顯著提升手機的拍照能力，甚至能拍3D影片。要是做兩個螢幕呢？於是就有了用正面液晶螢幕滑社群媒體，用背面電子紙閱讀器看書的新產品。

掌握關鍵

乘法策略

乘法策略的核心是：分解完組件後，複製其中一個組件。用乘法策略生產靈感的方法也有五步：第一步，列出產品的組成部分；第二步，選擇其中一樣進行複製；第三步，重新組合產品；第四步，明確產品的優勢和市場定位；第五步，解決可行性問題。

延伸思考

職場or生活中，可聯想到的類似例子？

啟動亮點

給框架內的某樣元素分配一個新任務，很可能因此創造出一個有價值新產品或新服務。

04

任務統籌策略——

向《絕地救援》學創新方法

一家酒店的總裁出差，第二次入住某酒店，還沒出示證件，前臺就熱情地打招呼：「很高興再次見到您！」這位總裁感覺非常好，也想在自己的酒店提供同樣的服務。專業人士建議他在酒店裡安裝人臉辨識攝影鏡頭，可是花費高達兩百五十萬美元，實在太貴了。總裁不得不否定了這個建議。

那有沒有便宜的創新方法呢？有。我們可以試試系統創新思維的第四大方法——任務統籌策略。

有一次，我也入住了一家服務水準素來不錯的酒店。酒店前臺請求給我拍張照片，當時我雖然有些驚訝，但也不好意思拒絕。第二次再入住這家酒店時，門童熱情地拉開門，說：「劉先生，歡迎您回來。」我大吃一驚。入住後，我好奇地詢問工作人員。原來，這家酒店把「網上訂房－抵達酒店－前臺接待－入住房間－辦理退房－送離酒店」的六大流程，用任務統籌策略進行了重組：賦予「網上訂房」環節新任務——標記第二天入住的重要客人；賦予「抵達酒店」環節新任務——門童記住客人照片，認出客人並叫出名字；賦予「前臺接待」環節新任務——給重要客人拍照。

通過賦予「內部」元素新任務，這家酒店創造性地為客人營造出賓至如歸的體驗。我們能不能通過賦予「外部」元素新任務，也創造出同樣的體驗呢？

韓國有家酒店和計程車司機達成協議：在從機場到酒店的路上，司機會和乘客聊天，打聽乘客是否住過這家酒店。如果住過，乘客抵達酒店後，司機會把乘客的行李放在接待處右邊；如果沒住過，則放在接待處左邊。前臺工作人員會根據行李的位置，跟客人打招呼。計程車司機也可以因此賺到一美元。

這家韓國酒店也是運用任務統籌策略，把辨識客人的新任務分配給了計程車司機這個外部元素，同樣實現了賓至如歸的創新體驗。

到底什麼是任務統籌策略？

任務統籌策略，就是給框架內的某樣元素分配一個新任務，並因此創造出一個新產品或新服務。任務統籌策略有三種用法。

第一種，賦予內部元素新任務。

回到開篇的酒店案例，前臺入住拍照、網上訂房辨識、抵達酒店歡迎，就是賦予三個內部元素新任務，從而創造出一個新服務：尊稱客人姓名，讓其產生賓至如歸的體驗。

電影《絕地救援》（*The Martian*）中，在火星和太空艙這種極其封閉的框架內，滿滿的全是賦予內部元素新任務的任務統籌策略。比如，賦予攝影鏡頭和字母板「訊息傳輸」的新任務；賦予火箭燃料「產生液態水，用來種馬鈴薯」的新任務；賦予帆布和膠帶「充當面罩，補救返回艙」的新任務。

第二種，賦予外部元素新任務。

回到韓國酒店的案例，酒店請計程車司機辨識多次住店的客人，並用行李位置提示接待人員，這就是賦予計程車司機這個外部元素新任務，從而創造出「賓至如歸」這個新體驗。

某火鍋餐廳透過超時上餐贈送水果盤的方式，「僱用」顧客來監督上菜時間，其實就是賦予顧客這個外部元素新任務，從而創造出「限定時間，快速上菜」這個新服務。

還有一個例子。在撒哈拉沙漠以南的非洲大陸地區，為了獲得乾淨的飲用水，當地人把「從地下抽水」的任務交給了水利系統的外部元素——玩耍的孩子們。聰明的當地人發明了一種「遊戲抽水機」，利用孩子們轉動旋轉木馬時產生的力量，從井中抽水。孩子們玩得不亦樂乎，還很有成就感，抽水的任務也完成了。

賦予外部元素新任務是任務統籌策略的一個極其重要的方法。

第三種，讓內部元素發揮外部元素的功能。

某網路公司推出過一個「雲端墓碑」服務，每位逝者都有自己獨特的人生，值得後人尤其是親人緬懷。該服務允許用戶把逝者的人生經歷存儲到「雲端」這個外部元素上，然後生成 QR Code，印在「墓碑」這個內部元素上。人們通過掃描 QR Code，就能緬懷逝者的一生。

掌握關鍵

任務統籌策略

這是指給予框架內的某樣元素一個新任務，創造出一套新服務或新產品。任務統籌策略有三種用法：第一，賦予內部元素新任務。第二，賦予外部元素新任務。第三，讓內部元素發揮外部元素的功能。

延伸思考

職場or生活中，可聯想到的類似例子？

05

屬性依存策略——

給屬性裝一根進度條

啟動亮點

選取產品或服務兩個原本不相關的屬性，給屬性裝上一根進度條，讓一個隨著另一個的變化而變化，也能帶來不一樣的創新。

系統創新思維的核心邏輯，歸納起來其實包括四個步驟。

第一步，打破框架。完全砸碎原有產品的固有框架，把它拆解為一個個具體的組件、要素或者屬性。

第二步，動個手術。對這些組件、要素或者屬性「動手術」，用減法策略刪除，用除法策略重組，用乘法策略複製，或者用任務統籌策略賦予新任務。

第三步，形式為先。做完手術，給原有產品「整形」之後，就會出現煥然一新的產品。當然，這個新產品還很不成熟，可能大家連它有什麼用都沒想清楚。

第四步，功能次之。仔細觀察這個新產品，倒過來想它的功能。在什麼特殊的場景下，能有什麼獨特的用處？如果想出來了，恭喜你，創新成功！

這就是系統創新思維背後的方法：打破框架、動個手術、形式為先、功能次之。方法與方法之間的差別只在於動的「手術」不同。

系統創新思維的第五大方法是「屬性依存策略」。與前面的減法策略、除法策略、乘法策略和任務統籌策略不同的是，它不是刪除、重組、複製或賦予新任務，而是要給屬性裝上一根進度條。

舉個例子。如何對「嬰兒用軟膏」進行創新？嬰兒用軟膏是一種塗抹在嬰兒皮膚上，用來緩解和治癒皮疹，並且防止復發的藥物。它由三個部分組成：油脂、保溼劑和治癒皮疹的活性成分。

我們試著給「油脂」裝上一根叫「氣味」的進度條；給「保溼劑」裝上一根叫「黏度」的進度條；再給「活性成分」裝上一根叫「活性成

分含量」的進度條。

先來看看「氣味」這根進度條，可以根據哪個屬性來左右拖動呢？比如根據嬰兒的排便量。如果嬰兒未排便，則軟膏無味；一旦嬰兒排便，軟膏就會散發出芳香的氣味。排便量愈大，香氣愈濃郁。這根進度條有用嗎？當然有用，這樣家長就不用常常打開尿布來檢查嬰兒排便了沒有。

再來看看「黏度」這根進度條，可以根據哪個屬性來左右拖動呢？比如根據更換尿布的頻率。白天更換尿布會多一些，夜裡更換尿布少一些，那麼可以推出一款黏性較強的油狀夜用軟膏，夜間保護肌膚不乾澀；再推出一款黏性較弱的水狀日用軟膏，白天保護肌膚自由呼吸。

還有「活性成分含量」這根進度條，可以根據哪個屬性來左右拖動呢？比如根據嬰兒的飲食結構。新生兒先喝母乳，再改喝牛奶、代乳品或配方奶，然後開始吃嬰兒食品。每個階段，嬰兒排泄物的酸鹼度都不同，對皮膚的刺激也不同。這樣一來，可以開發活性成分含量不同的母乳期軟膏、配方奶期軟膏、固體食品期軟膏等，分別對應嬰兒成長的不同階段。

這就是屬性依存策略。許多產品或服務都具備兩種以上的屬性，這些屬性看似毫不相關，可一旦發生關聯，就會引發創新的奇蹟。

還能怎麼利用這套策略創新呢？記住：給屬性裝上一根進度條，讓它與另一個屬性依存。

比如，我們給咖啡杯的顏色裝上一根進度條，讓它與溫度依存。在一些咖啡廳裡，有一種可變色的咖啡杯蓋，專門用於外賣咖啡。當咖啡很燙時，杯蓋的顏色是紅色，隨著溫度逐漸降低，杯蓋會慢慢恢復棕色。只要觀察杯蓋的顏色，就可以防止被燙到。

再比如，我們給披薩的價格裝上一根進度條，讓它也與溫度依存。澳洲的必勝客提出「永不再吃冷披薩」的口號，他們給外賣包裝盒裝上溫度標記，如果到手的披薩溫度低於承諾，顧客就可以不付錢或者少付錢。

掌握關鍵

屬性依存策略

屬性依存策略的核心，是給屬性裝上一根進度條。許多產品或服務都具備兩種以上的屬性，這些屬性看似毫不相關，可一旦發生關聯——讓一個屬性與另一個屬性依存，就會引發創新的奇蹟。

延伸思考

職場or生活中，可聯想到的類似例子？

啟動亮點

聰明的企業家不會消滅最後一個競爭對手，而是希望借助威脅的力量，讓自己或者組織專注於一路狂奔。

06

領導力：專——

「威脅、此刻、重要」的力量

美國心理學家丹尼爾．西蒙斯（Daniel J. Simons）做過一個著名的實驗。在一段三十秒的影片裡，六個人不斷地走動、換位，同時傳兩顆籃球。受試者被要求觀察影片裡的人一共傳了多少次球（正確答案是十五次）。實驗的結果是：有的受試者答對了，有的答錯了。但這不是重點，重點是影片中有一隻大猩猩。它大搖大擺地從螢幕右邊走到中央，對著鏡頭猛捶自己的胸部，然後從螢幕左邊走出。實驗結果顯示，百分之五十的受試者完全沒注意到這隻從自己眼皮底下經過的龐然大物。為什麼會這樣？丹尼爾把這個現象叫做「選擇性注意」，也就是我們常說的「專注」。

什麼是專注？

專注，是一種透過放棄關注大部分的事，只選擇性地注意少部分的事，從而提高成功率的能力。它被很多人認爲是領導力的重要組成部分。

訊息的總量是無限的，而感官的帶寬有限，大腦的容量有限，所以一般人不可能「感知」和「存儲」自己在整個時間軸上接觸到的全部空間。人的感官必須有選擇地感知，大腦也必須有選擇地存儲。

那麼，到底是什麼在負責選擇，選擇的標準又是什麼呢？

腦科學家和心理學家研究發現，負責這種選擇的，是大腦中的一套訊息篩選機制：腦部網狀刺激系統。這套系統會選擇性地注意三類事情：威脅、此刻、重要。

威脅，就是有人在你眼前揮手，你會本能地眨眼睛；此刻，就是蘋果掉下來，你會瞬間看過去；重要，就是一看到美女，你會立刻變為紳士。

當「威脅、此刻、重要」這三類事情出現時，人的注意力會快速集中，變得非常專注，甚至對其他事情視而不見。

回到開篇的實驗案例。當受試者告訴自己「數清楚傳球次數」很重要時，就相當於把「數球」這件事加入「專注白名單」，大腦中的網狀刺激系統會把注意力優先用於感知、存儲有助於數球的訊息，並因為感知帶寬限制、存儲容量限制，讓受試者不得不忽視掉一隻大猩猩。

這套網狀刺激系統，在過去幾百萬年中，幫助人類把有限的注意力分配到正確的事情上。

應該怎麼做，才能更加專注於正確的事情，提升領導力呢？很簡單，把事情放入這張叫做「威脅、此刻、重要」的「專注白名單」中。

第一個，威脅。

過去，人類面臨各種生存威脅，一隻獅子過來，人會拔腿就跑。現在，就算沒有獅子，只要看到周圍的人突然跑起來，很多人也會不由自主地跟著跑，邊跑邊問：「哎，發生了什麼事？」這就是「威脅」的力量。

比爾．蓋茲說：「我們離破產永遠只有十八個月。」聰明的企業家不會消滅最後一個競爭對手，而是希望借助威脅的力量，讓自己或者組織專注於一路狂奔。

第二個，此刻。

有的人可能有這種感覺：愈是臨近考試，學習效率愈高。不拖到最後一週，專案總是完不成。這就對了，人們總是對迫在眉睫的事情充滿焦慮，並投入最多的注意力。這就是「此刻」的力量。

怎麼利用這種焦慮，從而變得專注呢？使用「最後期限法」。給自己認為正確的事情設定一個最後期限，把它變成「此刻」的事情，激發專注。最後期限是第一生產力。

第三個，重要。

再回到實驗的案例，為什麼很多人居然沒看見那隻大猩猩？因為「數清楚傳球次數」在他們心中已經重要到可以忽視一切。當一個人、一件事在某人心中變得無比重要時，他往往就會忘乎所以。這就是「重要」的力量。

怎麼利用這一點，從而變得專注呢？賦予事情重大的意義。比如，「要是這件事情做成了，我就向她求婚！」

掌握關鍵

領導力：專

人的大腦中有一套網狀活化系統，會選擇性注意「威脅、此刻、重要」這張「專注白名單」中的事情。善用這個機制，可以幫助我們專注於正確的事。第一，利用「威脅」，因為沒有傘的孩子才會努力奔跑；第二，利用「此刻」，讓最後期限成為第一生產力；第三，利用「重要」，賦予事情重大的意義。

延伸思考

職場or生活中，可聯想到的類似例子？

07

啟動亮點

透過變小，逼迫自己變得專注。

領導力：小——

寶僑為何砍掉近一半的品牌

你會怎麼挑選洗髮精？用飛柔，使秀髮更柔順；或者試試海倫仙度絲，強效去屑；要不選擇純天然的可麗柔吧；還有，潘婷深層滋養也不錯；如果有更高要求，那就用專業沙龍級的沙宣。其實，最後不管選中哪個品牌，它們都是寶僑公司的產品。

這就是寶僑著名的「多品牌戰略」。但是，二〇一四年，寶僑公司CEO艾倫·雷富禮（Alan G. Lafley）重掌大局十四個月後，正式宣布：在未來兩年內，寶僑將砍掉旗下九十～一百個品牌，接近它品牌數的一半。雷富禮說，寶僑將會變成一個精簡、不複雜、更易於管理經營的公司。

為什麼寶僑會下這麼大決心，從多變少、從大變小呢？

根據寇斯定理（Coase Theorem），企業邊界是交易成本與管理成本的對比。交易成本愈低，愈應該外部化；管理成本愈低，愈應該內部化。行動網路使交易成本極大降低，企業的邊界正在不斷往內收縮，未來的企業會愈做愈小，而不是愈做愈大。

寶僑的變化其實就是「透過變小，逼迫自己變得專注」。「小」和「專」是一對孿生兄弟。我們通過放棄對大部分事情的關注，集中對少部分事情的注意力。透過變小，獲得專注。

具體應該怎麼做？

第一，創業公司要克制徵人衝動。

二〇一三年，我從微軟離職創業時，趨勢科技亞太區前總裁劉家雍對我說過一句話：「創業時，你千萬要克制自己徵人的衝動和擴張的欲望。」

後來，我在《創新者的解答》（*The Innovator's Solution*）這本書裡，

找到了這句話的理論依據：對資源的投入決定了你要走的道路。創業者一直都走在戰略試探的路上，克制大規模徵人的衝動，減少一次性資源的投入，小步快跑，可以保證創業期的戰略靈活性和對核心能力的專注度。

確實人力不夠，怎麼辦？盡量通過合作來解決。交易成本的降低，導致社會分工愈來愈細。試著用交易的方式、合作的心態、分利的胸懷，替代部分管理的手段，來解決資源問題。就像今天的潤米咨詢，只有六名員工，卻有幾百位外部合作者。

第二，成熟公司要縮小企業規模。

安捷倫科技（Agilent Technologies）公司在實驗室行業做得非常成功，其二〇一三會計年度的淨收入高達六十八億美元。但是，這家公司原來只是惠普這隻「大象」的一個部分，它被惠普「生下來」之後，努力把自己做小，專注於細分領域，反而獲得了巨大的成功。

在《每個人的商學院．管理基礎》中講「帕金森定律」時，我們講過，每個組織都有天生的自我膨脹的動力。成熟期的企業應該常給組織

「瘦身」，甚至把機構切小，讓更多人直接面對市場。市場沒有公司那一套升職、加薪、辭退等「人造」的管理工具，只有一條：用生獎勵強者，用死懲罰弱者。市場從創業者中挑選企業家的方法，就是「翻生死牌」。所以，在高速變化的時代，領導者要依靠市場直接挑選優秀的團隊，而不是依靠自己的眼光。

第三，轉型公司要追求戰略專注。

寶僑公司用兩年時間，砍掉了引以為豪的兩百多個品牌中的一半，獲得戰略專注；賈伯斯曾經要求整個蘋果公司的產品，只能放滿一桌子；奇異為了戰略專注，把除了行業內排名第一、第二之外的所有子公司全部砍掉；任正非說，華為不在非戰略機會點上浪費戰略資源。

這些都是用團隊的「小」，來對應戰略的「專」。當然，世界上永遠都有大公司存在，但是，每家大公司的領導者都應該思考：如何成為大公司裡面最瘦的那一個？

掌握關鍵

領導力：小

「小」是「專」的孿生兄弟。在高速變化的網路時代，愈來愈多的企業開始懂得，通過變小，獲得專注。具體怎麼做？第一，創業公司要克制招人衝動；第二，成熟公司要縮小企業規模；第三，轉型公司要追求戰略專注。

延伸思考

職場 or 生活中，可聯想到的類似例子？

啟動亮點

變革之心不是天賦，而是一種後天修練。

08

領導力：變——

怎樣修練一顆變革之心

一家公司的發展遇到瓶頸，高層決定啟動一個充滿挑戰的創新專案，並任命A來主導。A雖然有壓力，卻也充滿了動力。有一天，公司的CFO請A盡快填報新專案明年的預算，A很為難：「既然是創新專案，明年會怎麼幹還不知道呢，能等到明年再說嗎？」CFO一拍桌子：「開什麼玩笑？沒有預算，我怎麼知道該給你留多少錢？開銷是不是合理合規？我現在必須知道，明年的每一分錢你準備怎麼花。」

在這件事情上，是A錯了，還是CFO錯了？

企業的發展分為三個階段：創業期、成熟期和轉型期。案例中CFO和A的對話，其實就是成熟期和轉型期的對話。

在創業期，大概很多人都不懂什麼叫「預算」。把自己的車賣了二十萬元，一咬牙一跺腳，就出來創業了。到年底時，發現居然還有五萬元沒花完。這個時候，你會突擊把錢花完嗎？當然不會。

但是在成熟期，年底突擊花錢就成了現實。很多大公司的業務部門到年底都會這麼做，因為在預算制度下，明年的預計花費是在今年實際花費的基礎上，透過增減百分比算出來的。假如今年的錢沒花完，即今年的實際花費少了，在此基礎上，明年的預算也會減少。

為什麼會這樣？成熟期的大公司，其董事會、股東大會都希望看到安全、穩定、可預期的業績。所以，管理階層通常會採用預算制，管理預計花費，甚至預計收入，以準確地規劃全年的收入和利潤。優秀公司的預算甚至可以精確到季度、月和週。預算制的本質是獲得「確定性」。

轉型期的公司和創業公司一樣，面對的同樣是充滿VUCA（volatility，易變性；uncertainty，不確定性；complexity，複雜性；

ambiguity，模糊性）的商業世界。案例中的CFO為什麼會用獲得「確定性」的預算制，來管理充滿「不確定性」的轉型期，讓專案主導人去規劃他根本不知道該怎麼花的錢呢？因為人的天性是追求確定性，習慣把經驗當真理，把流程當聖經。對大部分人來說，變革之心不是天賦，而是一種後天修練。

怎樣才能修練出一顆變革之心呢？試著用以下三根軸，看清這個立體而萬變的世界。

第一根，時間軸。

在開篇的案例中，CFO和A完全不在同一個溝通頻道上。這是因為他們習慣用靜態的「對錯」來看待動態的「利弊」，缺乏「時間軸」的視角。

如果給管理加上一根「創業期、成熟期和轉型期」的時間軸，就能理解：KPI（關鍵績效指標）不錯，只是不適合創業期；粗放管理不錯，只是不適合成熟期；預算管理也不錯，只是不適合轉型期。沒有絕對正確的管理方法，只有適合某個時期的管理方法。

第二根，概率軸。

做平臺就能賺錢嗎？百度、阿里巴巴、騰訊確實賺錢了，但同時也有成千上萬類似的平臺垮掉了。其實，就算讓百度、阿里巴巴、騰訊重來一遍，也未必能百分之百成功。

如果給商業加上一根概率軸，就能理解：有些成功是大概率事件，有些成功是小概率事件。這樣，就不會迷信成功學，從而意識到外部環境、時機、風險的複雜性，以及內部速度、堅持或放棄的重要性。

第三根，博弈軸。

一個人的決定是否正確，完全取決於他的判斷力嗎？其實並不是。比如，玩剪刀石頭布的遊戲，一個人能否勝出，幾乎完全取決於別人出了什麼。

如果給個人決定加上一根博弈軸，就能理解：面對模糊性，看一步，走一步，才能修練自己的「變革之心」。

掌握關鍵

領導力：變

網路時代充滿易變性、不確定性、複雜性和模糊性。如果沒有變革之心，很可能被快速的變化撕碎。怎樣才能修練變革之心？試著用三根軸去看清這個瞬息萬變的世界：一、給管理加上時間軸；二、給商業加上機率軸；三、給個人決定加上博奕軸。

延伸思考

職場or生活中，可聯想到的類似例子？

09

啟動亮點

以快應變，天下武功，唯快不破。

領導力：快——

網路時代，快魚吃掉慢魚

有一次，我和某企業的高階主管團隊討論一項新的商業計畫。當我們順便談起另一家公司的某個好做法時，這家企業的CEO突然問：「我們怎麼才能把這個想法變成自己的能力？」接著，幾位部門負責人條理清晰地說出了把這個想法落實的一二三點。CEO說：「好，就這麼做。」五分鐘之後，我們回到了最開始的議題上，繼續討論。

在大多數情況下，人們聽到一個優秀做法時，會點頭贊同或記在筆記本上，說：「這個做法值得借鑒，我們找時間研究一下。」但結果往往是沒有下文了。而這位CEO一有了好想法，快速將其轉化為行動，讓人欽佩。

網路時代，領導力的第四個要素是「快」。

舉個例子。早期的小米手機操作系統MIUI有一個功能：當用戶輸入手機號碼儲值通話費時，MIUI會自動匹配手機通訊錄，找到並顯示這個號碼對應的姓名。用戶就再也不用擔心儲錯話費了。

這個功能是誰想出來的呢？是用戶。小米公司的工程師每週都會從論壇裡發現大量的用戶需求，然後有選擇地增加到MIUI裡，並在週五晚上把新版操作系統推送給用戶。到了週二晚上，MIUI會對用戶進行調查：你最喜歡哪個新功能？如果很多用戶都喜歡這個儲值功能，開發該功能的工程師就能得到「爆米花」獎——一桶真正的爆米花。這個苦活累活，小米公司幹了整整七年。

思科系統公司的CEO約翰．錢伯斯（John Chambers）有一句名言：快魚吃慢魚。他說，**在網路經濟下，大公司不一定能打敗小公司，但是快公司一定會打敗慢公司**。網路與工業革命的不同點之一，就是你不必占有大量資金，哪裡有機會，資本很快就會在哪裡重新組合。速度會轉換為市場占有率、利潤率和經驗。

《每個人的商學院．商業實戰（下）》中講過的「最小可行產品」，其實就是「快魚」策略。但是，最小可行產品不是「快魚」的唯一策略。回到開篇的案例，那位將想法立即落地實的 CEO 就是「快魚」。以快應變，天下武功，唯快不破。

怎樣培養「快魚」式的領導力呢？

第一，不要放棄思考。

有人說，愈是變化快，反而愈需要慢，因為只有慢下來，才能深入思考。這句話很有道理，這也是為什麼雷軍說「不要用戰術的勤奮，掩蓋戰略的懶惰」。當我們講「快魚」策略時，不要因為行動的快而放棄了思考的慢。

具體怎麼做呢？比爾．蓋茲管理微軟時，有一個很著名的習慣，叫做「思考週」：每年有兩次，每次一週，他會把自己從管理中解套出來，面對團隊準備的大量素材，靜靜地思考一週。微軟很多重大的創新都來自思考週。

對於普通人來說，如果沒有思考週，也可以試試「思考日」。比如我自己，每個月不管多忙，都會找一天不工作，在牆上貼滿便利貼，然後靜靜地思考，讓這一個月的思緒得以匯聚、連接。思考時靜若處子，行動時動若脫兔，面對變化才能比別人醒得早。

第二，當下就要行動。

試著戒掉下面幾句話：「有空，我再想想」、「以後，我們聊聊」、「下次，商量商量」。這些話指向的不是行動，而是擱置。

應該怎麼做？在公司培養「戴明循環」的管理文化和流程。戴明循環，簡稱PDCA，也就是計劃（plan）、執行（do）、檢查（check）、糾正（adjust）四步法。如果覺得某件事值得幹，就立刻啟動一個戴明循環，讓執行機制推動快速行動，才能比別人跑得快。

第三，練好剎車和轉彎。

很多人不敢加速，是因為不知道怎麼減速；不敢踩油門，是因為不懂得踩剎車和轉彎。企業也是一樣，快和停加在一起，才是一對完整的能力。

「e袋洗」剛開始推出的是九十九元洗一袋子衣物，後來利用「社區大媽收衣物」的模式，拓展出更多可能；「迅雷」剛開始是下載軟體，後來增加了影片服務；有的影片網站則從「每個人都是導演」開始，後來紛紛變成以版權內容為主……

能快，能停，能轉，就叫做「敏捷」。

掌握關鍵

領導力：快

在充滿高度易變性、不確定性、複雜性和模糊性的變革時代，唯有用內部的「快」，響應外部的「變」，才能抓住時代機遇。訓練「以快應變」的領導力，需要注意三點：第一，不要放棄思考；第二，當下就要行動；第三，練好剎車和轉彎。

延伸思考

職場 or 生活中，可聯想到的類似例子？

10

啟動亮點

社會變化愈來愈快，經驗不再來自過去，而是來自正在發生的未來。

領導力：遠——

盡可能接近未來的推理能力

一九八九年，索尼公司的創始人之一盛田昭夫斥資四十八億美元，對美國哥倫比亞電影公司及關聯公司進行收購。當時，哥倫比亞電影公司的股價為十二美元，索尼出價二十七美元。這被認為是荒唐透頂的決定。

進入二十一世紀後，人們開始發現，這項荒唐透頂的收購居然開始展現出愈來愈大的商業價值，好萊塢的智慧財產權對索尼的發展表現出巨大的戰略意義。盛田昭夫用獨到的眼光，為索尼未來的發展構建了以家庭娛樂為中心的基礎商業體系。

這就是令人驚嘆的「遠見」。

大家還記得二〇〇七年蘋果公司發布第一代 iPhone 時，業界是怎麼評價的嗎？彭博新聞社說：「iPhone 的影響力微乎其微，將只對小部分消費者具有吸引力。諾基亞和摩托羅拉完全不必擔心。」*PC Magazine*（美國著名的 IT 雜誌）說：「iPhone 缺陷很多，也許一開始的銷量會很不錯，但隨後就將出現下滑。」《彭博商業周刊》（*Bloombrg Business*）說：「iPhone 不會對黑莓構成威脅。」

現在看來，我們會覺得這些評論缺乏遠見。但是，假如把你放在二〇〇七年《彭博商業周刊》總編的位置上，你確定自己不會那麼說嗎？反過來，你今天對很多問題的看法，放在十年後會不會顯得可笑呢？

遠見，是一種盡可能接近未來的推理能力。它的基礎是：洞察力、判斷力和學習力。我們誰也不敢說自己擁有遠見，但可以訓練這三種能力。

第一，洞察力。

洞察力是遠見的基礎。有人之所以有勇氣預測未來，是因為他們相信，有些不變的底層邏輯在推動著變化。對方法論之下的底層邏輯的理解

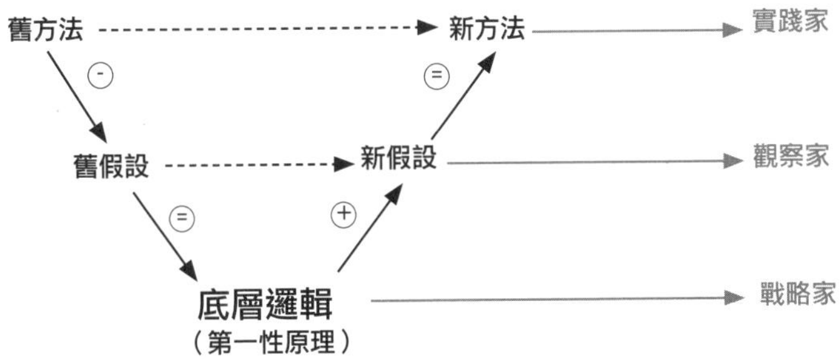

就是洞察力。

舉個例子。一家餐廳經過了十年、二十年也沒有太大變化，餐廳老闆和同行的切磋不過就是一些方法論層面的東西：選址在哪兒、菜單如何設計等。但是，「餓了麼」出現了，餐廳老闆發現，原來餐廳是「前面的桌子＋後面的廚房」的組合，「餓了麼」就是把「前面的桌子」取代了。過了一段時間，又出現了「愛大廚」，餐廳老闆清楚地感受到，廚房其實就是「廚師＋設備」的組合，誰能抓住廚師這個核心要素，誰就有可能分到餐飲行業的一杯羹。這就是透過不斷去除方法論中的假設，洞察底層邏輯。

第二，判斷力。

洞察了底層邏輯之後，就要判斷環境的變化，用「底層邏輯＋新假設」得到遠見。

作為戰略顧問，我每天和不少企業家打交道。直到今天，我還會遇到一些資深企業家，他們會自豪地說：「我不用微信。微信就讓小朋友們用吧，我把握大方向就好了。」聽到這樣的話，我很有感觸：微信就好比新世界的連接器，連它都不用，就快與世界脫節了，還怎麼把握大方向呢？

訓練判斷力，一定要對新事物充滿好奇，勇於嘗試，讓未來在你眼前撲面而來。具體來說，就是要關注各種新科技、新行業、新需求。

第三，學習力。

在第五章「談判」中，我們講了各種學習的方法。為了獲得遠見，我們應該用這些方法向誰學習呢？尤其應該向年輕人學習。

過去，因為經驗積累的速度快於時代變化的速度，所以愈老愈有經驗，年輕人必須向老年人學習，美國人類學家瑪格麗特・米德（Margaret Mead）把這叫做「前塑文化」（prefiguravive culture）。但是，隨著變化速度愈來愈快，經驗已經來不及積累，我們的經驗不再來自過去，而是來自正在發生的未來。

怎麼辦呢？瑪格麗特·米德說：我們所有人都要向年輕人學習。為什麼？不是因為他們更理解未來，而是因為就是他們構成了這個未來。老年人開始反過來向年輕人學習，她把這種反向的學習文化稱為「後塑文化」（postfigurative culture）。

掌握關鍵

領導力：遠

網路時代，領導力的五個要素是：專、小、變、快、遠。專和小，是空間維度的概念，因為專，所以小；變和快，是時間維度的概念，因為變，所以快。遠，就是站在未來看今天。我們誰也不敢說自己能預測未來，但是至少可以訓練預測未來的幾項基礎能力：洞察力、判斷力和學習力。

延伸思考

職場 or 生活中，可聯想到的類似例子？

NOTES

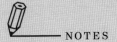

實用知識 72

每個人的商學院．個人基礎
強化自我領導力，建構超群思維格局

作 者：劉潤
責任編輯：游函蓉、林佳慧
校 對：游函蓉、林佳慧
封面設計：木木 lin
美術設計：廖健豪
行銷公關：石欣平
寶鼎行銷顧問：劉邦寧

發行人：洪祺祥
副總經理：洪偉傑
副總編輯：林佳慧
法律顧問：建大法律事務所
財務顧問：高威會計師事務所
出 版：日月文化出版股份有限公司
製 作：寶鼎出版
地 址：台北市信義路三段 151 號 8 樓
電 話：（02）2708-5509 傳真：（02）2708-6157
客服信箱：service@heliopolis.com.tw
網 址：www.heliopolis.com.tw
郵撥帳號：19716071 日月文化出版股份有限公司

總經銷：聯合發行股份有限公司
電 話：（02）2917-8022 傳真：（02）2915-7212
印 刷：禾耕彩色印刷事業股份有限公司
初 版：2020 年 8 月
定 價：380 元
ＩＳＢＮ：978-986-248-898-0

國家圖書館出版品預行編目資料

每個人的商學院．個人基礎： 強化自我領導力，建構超群思維格局 / 劉潤著 . -- 初版 . -- 臺北市 : 日月文化 , 2020.08
320 面 ; 14.7×21 公分 . -- (實用知識 ; 72)
ISBN 978-986-248-898-0(平裝)

1. 商業管理

494.35 109008136

日月文化集團
HELIOPOLIS
CULTURE GROUP
客服專線 02-2708-5509
客服傳真 02-2708-6157
客服信箱 service@heliopolis.com.tw

廣告回函
台灣北區郵政管理局登記證
北台字第 000370 號
免貼郵票

日月文化集團 讀者服務部 收

10658 台北市信義路三段151號8樓

對折黏貼後，即可直接郵寄

日月文化網址：**www.heliopolis.com.tw**

最新消息、活動，請參考 FB 粉絲團

大量訂購，另有折扣優惠，請洽客服中心（詳見本頁上方所示連絡方式）。

大好書屋　寶鼎出版　山岳文化

EZ TALK　EZ Japan　EZ Korea

大好書屋・寶鼎出版・山岳文化・洪圖出版　EZ叢書館　EZKorea　EZTALK　EZJapan

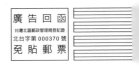

日月文化集團
HELIOPOLIS
CULTURE GROUP

感謝您購買 每個人的商學院．個人基礎 強化自我領導力，建構超群思維格局

為提供完整服務與快速資訊，請詳細填寫以下資料，傳真至02-2708-6157或免貼郵票寄回，我們將不定期提供您最新資訊及最新優惠。

1. 姓名：＿＿＿＿＿＿ 性別：□男 □女
2. 生日：＿＿年＿＿月＿＿日 職業：
3. 電話：（請務必填寫一種聯絡方式）
（日）＿＿＿＿（夜）＿＿＿＿（手機）＿＿＿＿
4. 地址：□□□
5. 電子信箱：
6. 您從何處購買此書？□＿＿＿＿縣/市＿＿＿＿書店/量販超商
□＿＿＿＿網路書店 □書展 □郵購 □其他
7. 您何時購買此書？ 年 月 日
8. 您購買此書的原因：（可複選）
□對書的主題有興趣 □作者 □出版社 □工作所需 □生活所需
□資訊豐富 □價格合理（若不合理，您覺得合理價格應為＿＿＿＿）
□封面/版面編排 □其他＿＿＿＿
9. 您從何處得知這本書的消息： □書店 □網路／電子報 □量販超商 □報紙
□雜誌 □廣播 □電視 □他人推薦 □其他
10. 您對本書的評價：（1.非常滿意 2.滿意 3.普通 4.不滿意 5.非常不滿意）
書名＿＿ 內容＿＿ 封面設計＿＿ 版面編排＿＿ 文/譯筆＿＿
11. 您通常以何種方式購書？□書店 □網路 □傳真訂購 □郵政劃撥 □其他
12. 您最喜歡在何處買書？
□＿＿＿＿縣/市＿＿＿＿書店/量販超商 □網路書店
13. 您希望我們未來出版何種主題的書？＿＿＿＿
14. 您認為本書還須改進的地方？提供我們的建議？

預約實用知識，延伸出版價值